만화로 배우는
공룡의 생태

만화로 배우는 공룡의 생태

초판 1쇄 발행 2019년 6월 24일
초판 19쇄 발행 2025년 5월 2일

지은이 김도윤

펴낸이 조기흠
총괄 이수동 / **책임편집** 최진 / **기획편집** 박의성, 유지윤, 이지은
마케팅 박태규, 임은희, 김예인, 김선영 / **제작** 박성우, 김정우
교정교열 책과이음 / **디자인** 이슬기

펴낸곳 한빛비즈(주) / **주소** 서울시 서대문구 연희로2길 62 4층
전화 02-325-5506 / **팩스** 02-326-1566
등록 2008년 1월 14일 제 25100-2017-000062호

ISBN 979-11-5784-340-4 03400

이 책에 대한 의견이나 오탈자 및 잘못된 내용은 출판사 홈페이지나 아래 이메일로 알려주십시오.
파본은 구매처에서 교환하실 수 있습니다. 책값은 뒤표지에 표시되어 있습니다.

⌂ hanbitbiz.com ✉ hanbitbiz@hanbit.co.kr ❋ facebook.com/hanbitbiz
Ⓝ post.naver.com/hanbit_biz ▶ youtube.com/한빛비즈 ⓘ instagram.com/hanbitbiz

Published by Hanbit Biz, Inc. Printed in Korea
Copyright ⓒ 2019 김도윤 & Hanbit Biz, Inc.
이 책의 저작권은 김도윤과 한빛비즈(주)에 있습니다.
저작권법에 의해 보호를 받는 저작물이므로 무단 복제 및 무단 전재를 금합니다.

지금 하지 않으면 할 수 없는 일이 있습니다.
책으로 펴내고 싶은 아이디어나 원고를 메일(hanbitbiz@hanbit.co.kr)로 보내주세요.
한빛비즈는 여러분의 소중한 경험과 지식을 기다리고 있습니다.

어린왕자가 이렇게 부탁했다.

나는 여태껏 티렉스를 그려본 적이 없었다.
그래서 영화에서 본 대로 그렸다.

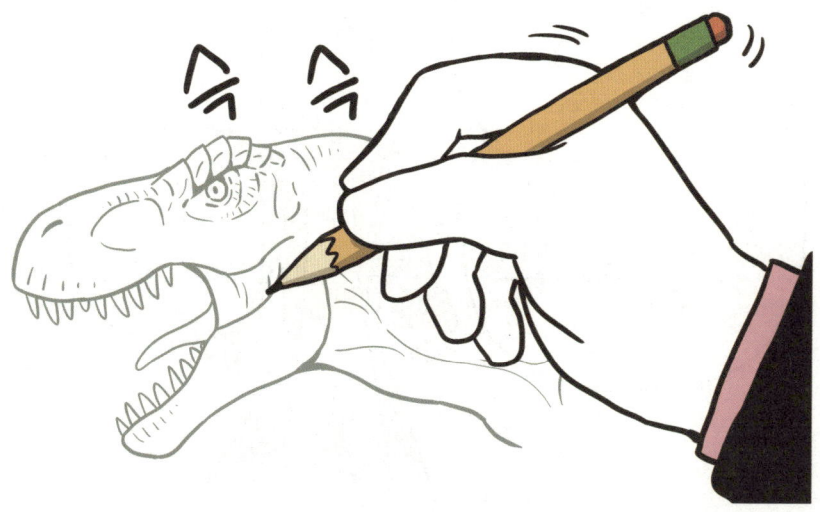

그래서 나는 공룡책을 펼쳐 읽어보고는, 티렉스를 다시 그렸다.

그래서 나는 인터넷을 켰고, 티렉스를 다시 그렸다.

짜증이 난 나는, 대충 그림을 끄적인 뒤 한마디 툭 던졌다.

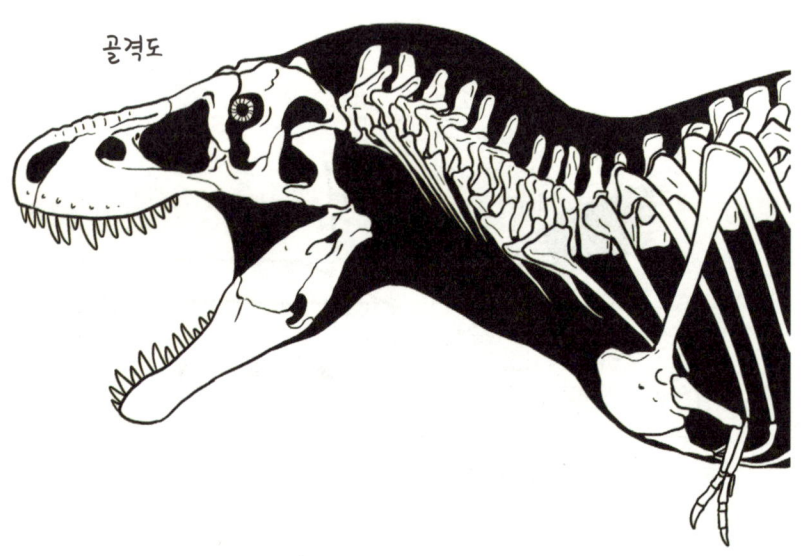

만화로 배우는
공룡의 생태

교양툰

김도윤 글·그림

한빛비즈
Hanbit Biz, Inc

CONTENTS

1화 공룡 패러다임 — 15
  칼럼 공룡의 뺨

2화 폭군 도마뱀 — 27
  칼럼 티라노의 입술?

3화 시체 청소부 사냥꾼 — 41
  칼럼 티라노 흉내의 올바른 예 | 티라노의 포효?

4화 연령대별 생태적 위치 — 55
  칼럼 티라노사우루스과의 사회성? | 나노티란누스 논쟁

5화 공룡의 성공 요인 — 65
  칼럼 공룡 이전의 것들

6화 공룡의 거대화 — 77
  칼럼 커질 수 없는 공룡 알 | 제2의 뇌? | 알로사우루스의 사냥법

7화 공룡 르네상스: 골격과 진화 — 93
  칼럼 공룡의 손목 | 빳빳한 꼬리

8화 공룡 르네상스: 체온과 활동 — 105
  칼럼 목 긴 공룡의 자세 논쟁 | 목 긴 공룡의 콧구멍 위치 논쟁

9화 골디락스 가설 — 119
  칼럼 반수생공룡 | 이빨로 알 수 있는 식생활 | 위석

10화 깃털의 기원 — 135
  칼럼 비늘과 깃털의 관계

11화 환원 불가능한 복잡성과 깃털 — 147
  칼럼 환원 불가능한 복잡성의 또다른 예시와 반박 | 메이 | 과거의 공룡 화석

12화	깃털의 기능 ———————————————————	159
	칼럼 호박 속의 공룡 다리 ǀ 공룡 알의 부화 기간 ǀ 비막을 가진 공룡	

13화	과거의 색 ———————————————————	171
	칼럼 바다로 떠내려 온 보레알로펠타 ǀ 해양 파충류의 색	

14화	공룡의 성생활 1부 ———————————————	181
	칼럼 공룡의 암수 구분 ǀ 트리케라톱스의 성장에 따른 외형 변화 ǀ 그래도 가장 공격적인 트리케라톱스	

15화	공룡의 성생활 2부 ———————————————	195
	칼럼 목 긴 공룡의 둥지	

16화	공룡의 진화사: 트라이아스기 —————————	205
	칼럼 대륙이동설 ǀ 이족보행 vs 사족보행	

17화	공룡의 진화사: 쥐라기 ————————————	217
	칼럼 헤테로돈토사우루스의 송곳니가 특별한 이유	

18화	공룡의 진화사: 백악기 ————————————	227
	칼럼 한반도의 백악기	

19화	공룡의 진화사: 신생대 ————————————	243
	칼럼 가장 커다란 공룡은? ǀ 가스토르니스의 식성	

20화	공룡이란 무엇인가 ——————————————	255
	칼럼 공도리 ǀ 공룡이 아닌 것들	

21화	생태 구성원으로서의 공룡 ———————————	265
	칼럼 공룡 계통도	

외전 1	신종 공룡 복원도 그리기 ———————————	279
외전 2	서대문자연사박물관의 아크로칸토사우루스 ————	295

맺음말	302
참고문헌	304

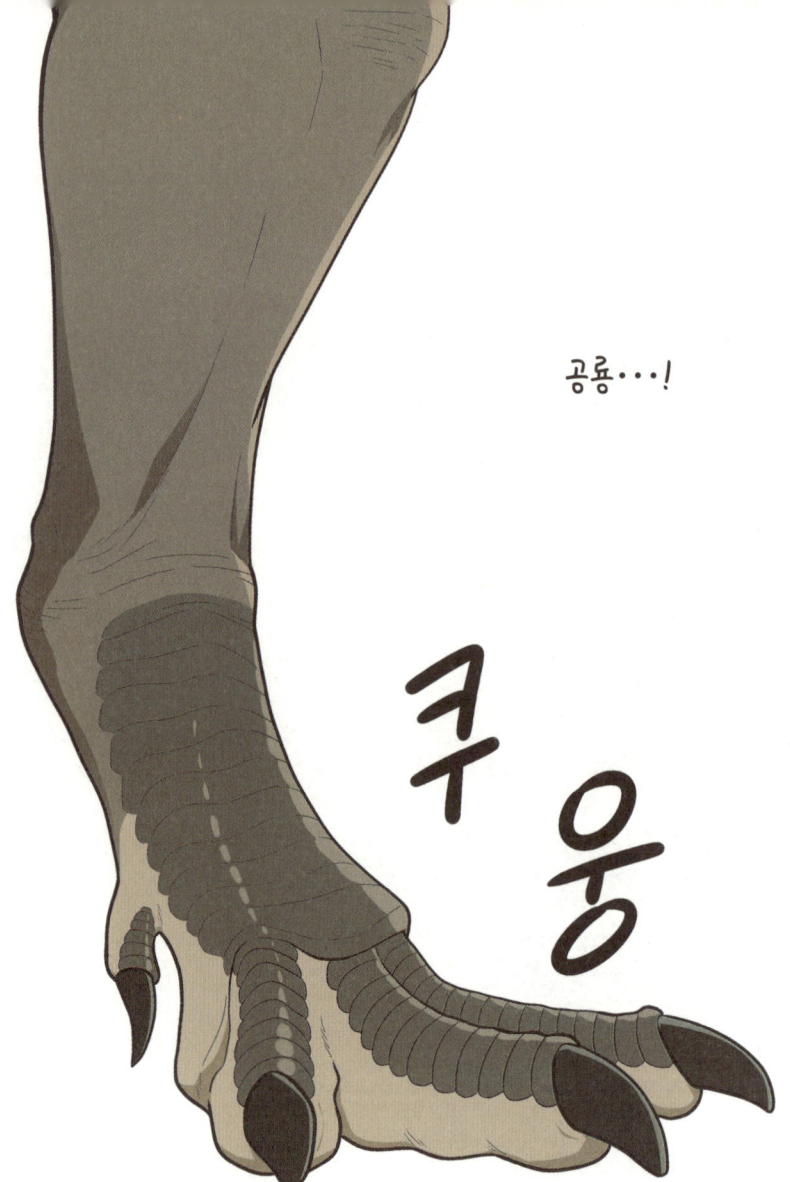

공룡은 중생대에 등장해
과거 지구를 호령했던 크고 작은 파충류다.

학자마다 의견이 다르지만
큰 건 30미터 정도 되는 것부터

찡긋

작은 건
손바닥만 한 것까지

25cm

쮸뿌쮸뿌

에피덱시프테릭스

가지각색의 모양새와 크기로 번성하다가

6천500만 년 전, 한 번에 싹 멸종하고

그 일부가 여전히 살아남아 하늘을 지배하고 있다.

1화
공룡 패러다임

데이노케이루스
백악기 후기 몽골에
살았던 수각류.
50년 동안 팔 화석으로만
알려져 있다가
2014년 국내 연구진에 의해
전체 모습이 밝혀졌다.

지금은 조류를 제외하고 사라진 공룡이 그때 어떻게 살았을까?
과학자들은 이 문제를 연구하기 위해

6천500만 년 전 의문의 집단 실종 사건…

공룡이 남긴 화석과…

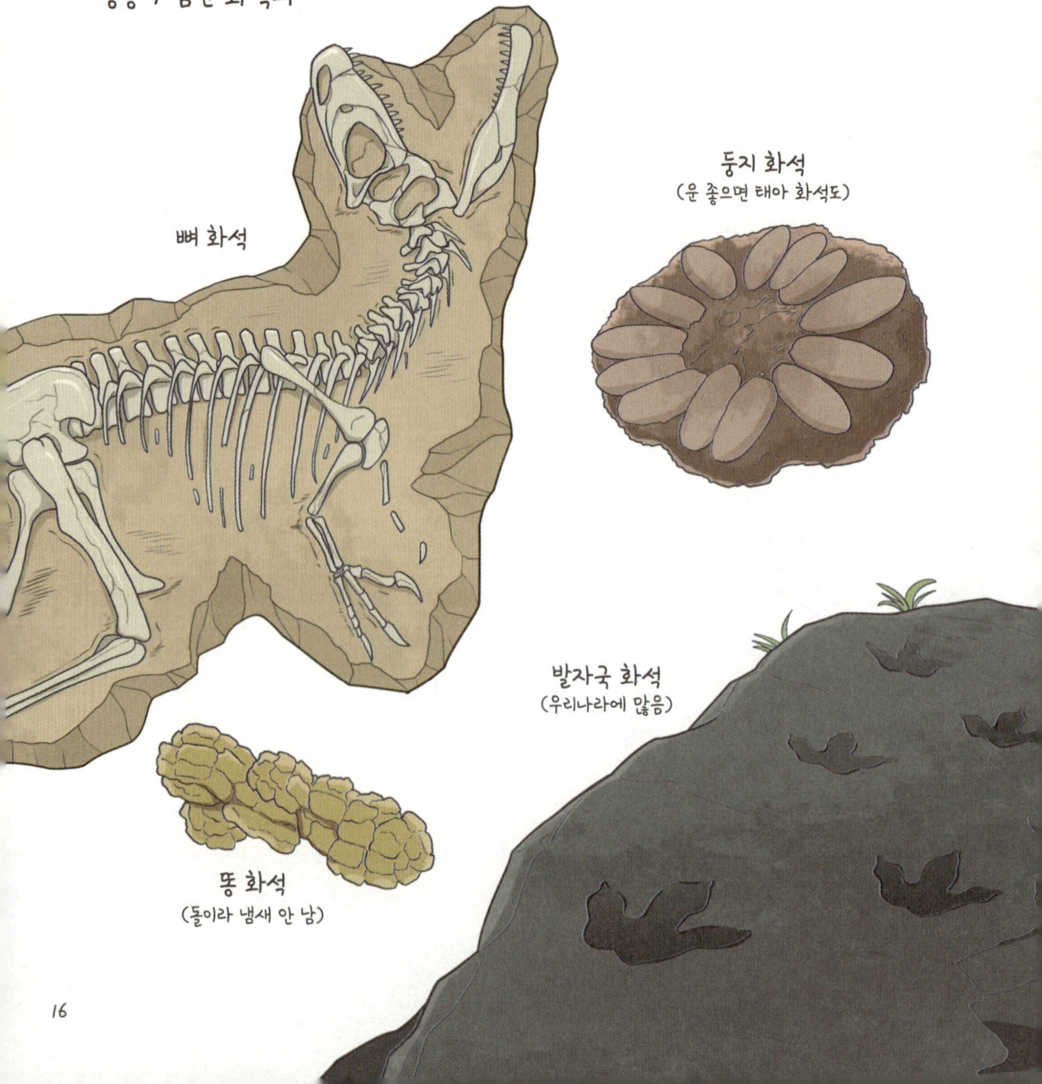

뼈 화석

둥지 화석
(운 좋으면 태아 화석도)

똥 화석
(돌이라 냄새 안 남)

발자국 화석
(우리나라에 많음)

오늘날까지 살아남은 공룡의 후손과 친척을 통해
당시 공룡의 모습과 생태를 재구성한다.

그러나 화석 기록은 제한적이며,
공룡은 절대로 직접 관찰할 수 없는 과거의 생물이다.

따라서 오늘날 우리가 공룡에 관해 세밀하게 알고 있긴 하지만

그렇다고 모든 것을 진리인 듯 정확히 아는 것은 아니며, 또 그럴 수도 없다.

즉, 과학자들은 온갖 데이터를 종합해
가장 정확하고 정교한 공룡의 모습을 '모델링'하여 복원할 뿐이다.

이 모델링은 꽤나 정교하고 그럴싸하지만,
실제 공룡(사실)과 완전히 똑같다는 보장은 없다.

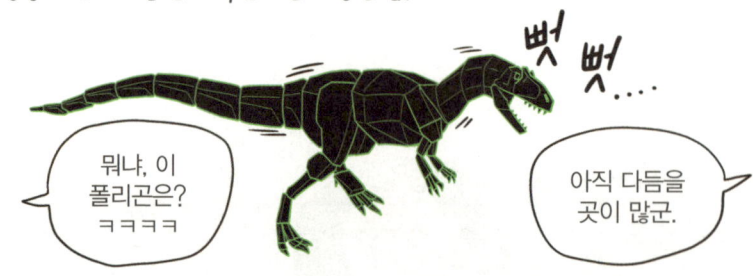

그도 그럴 것이, 공룡 연구의 역사를 들여다봐도
공룡의 모습이 끊임없이 바뀌었음을 알 수 있다.

'과학이란 무엇인가?'라는 질문에 대해서
멋진 대답을 해줄 만한 사람은 꽤 많지만

그중 '패러다임'이라는 단어를
널리 퍼뜨린 토머스 쿤의 주장이
특히 공룡 연구의 역사와
죽이 잘 맞는다.

패러다임은 과학 활동의 토대가 되는 기본적인 '틀'이다.

토머스 쿤은 일정한 '패러다임'이 확립되면
과학자들이 이 패러다임의 전통에 충실히 따르며

퍼즐 놀이하듯 자연을 정해진 '패러다임'에
끼워 맞추는 작업을 한다고 말했다.

절대로 그렇지 않다.
가끔씩 기존의 패러다임에서 삐죽삐죽 튀어나오는 변칙 사례가 발견되며

그런 변칙 사례가 누적되면
기존의 패러다임은 위기를 맞는다.

그러다가 새로운 패러다임이 확립되는 과학혁명이 일어나게 된다.

특히 공룡 연구에서는 정말 많은 공룡책이
쓰레기통에 던져질 만한 정도의 과학혁명이 자주 일어나며
해석과 양태가 빈번히 바뀐다.

그래서 공룡을 소개하는 내용을 볼 때,
'저것이 사실이다'라고 받아들이지 말고
실제 공룡이 아니라 (언제 깨질지 모르는) 정교한 '모델링'을
보고 있다고 생각하면 좋다.

'패러다임'이라는 용어를 적용해 과학을 설명한 토머스 쿤은, 과학자들이 지지하는 이론이 다르면 똑같은 증거도 전혀 다르게 해석된다고 말했다.

시체를 먹는군.

티라노사우루스는 뇌에서 후각을 담당하는 부분이 발달되어 있어. 역시 티라노사우루스는…

사냥을 하는군.

공룡 연구에서 이런 현상을 명확히 볼 수 있는 지점이 바로 티라노사우루스와 관련한 논쟁이다.

공룡의 뺨

공룡 연구 분야에서 똑같은 관찰 결과를 두고 여러 형태의 다른 '모델'이 제시되는 사례를 하나 더 소개하겠습니다. 공룡의 턱 근육은 두개골에 남아 있는 근육 부착점과 현생 동물의 턱 근육을 참고해서 복원합니다. 초식공룡의 경우 예전에는 근육으로 '뺨'을 만들어주는 방식이 당연하게 받아들여졌습니다. 뺨이 없으면 음식물을 씹다가 옆으로 샐 수 있다고 보았기 때문이죠. 그러나 오늘날 초식성 파충류인 육지거북이나 이구아나를 보면 뺨 없이도 혀를 이용해서 음식물을 잘 씹어 먹는다는 걸 알 수 있습니다. 한편 똑같은 두개골을 두고도 뺨이 없는 상태로 턱 근육을 복원하는 모델이 제시되기도 했습니다. 모두 같은 두개골인데, 근육을 붙일 때는 뺨이 있는 모델도 되고, 없는 모델도 된다는 뜻입니다.

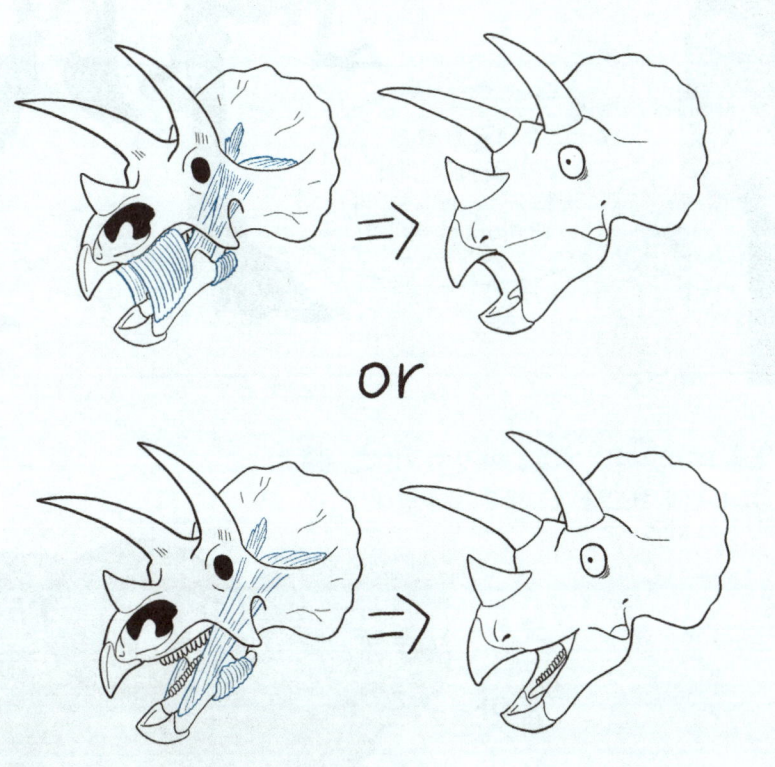

'단속평형설'을 제시한 것으로 유명한 미국의 고생물학자 스티븐 제이 굴드가 쓴 《다윈 이후》라는 책은 다음과 같은 문구로 시작한다.

다섯 살 나를 박물관에 데려가 티라노사우루스를 보여주신 내 아버지를 위하여.

와! 파피루스!

'폭군 도마뱀'이라는 이름을 가진 이 거대한 공룡은 한때 시체 청소부로 오해받은 적이 있다.

이... 이 맛은?

시체

2화
폭군 도마뱀

구안롱
쥐라기 후기 중국에 살았던
원시 티라노사우루스상과의 수각류.
마멘치사우루스의 발자국 웅덩이에
빠져 죽은 것이 발견되었다.
머리 위의 볏은 구애용으로 추정된다.

과학자 꿈나무 제조공장이었던
〈쥬라기 공원〉에 등장한 티라노사우루스는

지프차를 쫓아 달리는 모습을 선보이며
기존 공룡에 대한 고정관념을 타파하는 데 크게 일조했다.

그러나 티라노사우루스는 희대의 갓영화 〈쥬라기 공원〉 3편에서
다리가 좀 긴 스피노사우루스에게 목이 꺾여 죽고 만다.

그 이유는 바로 영화의 자문을 맡았던 미국 몬태나주립대학교의 고생물학자 존 호너가 '티라노사우루스 시체 청소부 가설'을 제시한 인물이어서다.

이후 티라노사우루스가 사냥을 하는 맹수였는지 시체 청소부였는지에 관한 논쟁은 존 호너가 스스로 자신의 이론이 틀렸다고 인정함으로써 완전히 끝났지만

어디 가서는 또다시 티라노사우루스가 완벽한 시체 청소부라고 하는 둥 하여간 이 할아버지, 고집이 꽤 세다.

그러나 이런 소모적인 논쟁을 통해, 우리는 티라노사우루스가
어떤 생물이었는지 매우 디테일하게 알 수 있게 되었다.

여기까지
알아내다니.
훌륭하다 훌륭해,
닝겐놈들.

이 논쟁을 들여다보기에 앞서
티라노사우루스의 기본적인 스펙을 살펴보자.

티라노사우루스는 공룡이 멸종하기 직전
백악기 말 북아메리카 지역에 서식했던 거대한 육식공룡이다.

몸길이는 11~12미터, 몸무게는 6~9톤 정도로
거의 버스만 한 크기의 생명체며

가장 커다란 특징은 D자 모양의 크고 두껍고 뭉뚝한 이빨이다.

이빨 뿌리는 자그마치 거대한 이빨 전체의 3분의 2를 차지하며
턱에 튼튼하게 고정되었다.

티라노사우루스의 턱 단면

티라노사우루스는 턱 힘도 매우 강했는데,
새와 악어의 근육을 참고해 티라노사우루스의 턱을 복원해본 결과

티라노사우루스가 무는 힘은 5천700킬로그램에 달하는 것으로 계산된다.

악어: "헉, 나는 2천 킬로인데;;"

하마: "헉, 나는 일단 측정 불가. ㅎㅎ"

콰앙

티라노에게 물리면 대략 경차 6대가 쾍!!

게다가 충격 흡수를 위해 턱 중앙 관절을 조금 움직일 수 있는 다른 육식공룡과 달리 티라노사우루스는 관절이 단단히 고정되어 있다.

크고 단단한 턱

따라서 60여 개의 이빨, 5천700킬로그램에 달하는 치악력(무는 힘)을 발휘하는 튼튼한 턱으로 뼈째 씹어 먹는 식사를 한 것으로 보이며

이런 식습관은 티라노사우루스와 함께 살았던 공룡들의 화석이 뒷받침해준다.

티라노사우루스의 머리뼈에 대한 연구는 여기서 끝나지 않는다.

닝겐상 세레브한 와타치의 머리를 보는 데수웅~

과학자들은 두개골 화석을 CT촬영하여 살아 있을 시절 뇌가 들어 있던 뇌실 형태를 관찰해 뇌 구조를 삼차원으로 복원했는데

이게 환자분의 뇌고요.

뭐야! 돌려줘요.

그 결과 후각을 담당하는 후신경구가 매우 발달했다는 것을 알게 되었다.

쿵카 쿵카

이 냄새는…?!

그리고 지능도 꽤 좋았을 것으로 추정된다.

(사냥하는 육식동물 특:
킬각을 재느라 머리가 의외로 좋음)

만약 이런 티라노사우루스가 시체 청소부였다면,
기존 화석 증거들과 비교했을 때 생태적 측면에서 문제가 발생한다.

시체 청소부 가설

반응이 없다. 그냥 시체인 듯하다.

티라노의 입술?

공룡 복원 과정에서 입술을 둘러싼 논쟁이 벌어지곤 합니다. 육식공룡이 악어처럼 입술이 없어서 이빨을 드러냈느냐, 혹은 도마뱀처럼 입술이 있어서 이빨을 감추고 있느냐 하는 문제입니다. 티라노사우루스도 이 논쟁에서 벗어날 수 없습니다. 입술이 있다고 주장하는 쪽은 티라노사우루스 두개골의 입 주변에 피부 등의 조직으로 영양분을 공급하는 혈관 자국이 많은 점, 입술 없이 드러난 치아가 외부 노출에 취약하고 건조해진다는 점 등을 근거로 삼습니다. 입술이 없다고 주장하는 쪽은 악어 역시 두개골 입가에 구멍이 많지만 입술이 없는 점, 도마뱀 입술은 조상의 형질이 아니라 도마뱀이 독자적으로 진화시킨 형질이라는 점, 공룡과 가까운 악어와 새는 입술이 없는 점, 티라노사우루스의 위턱과 아래턱 구조가 도마뱀과는 다르며 입술로 덮으려면 아래턱 살집이 매우 두꺼워야 한다는 점 등을 근거로 삼습니다. 2017년에는 티라노사우루스과의 다스플레토사우루스의 입가가 납작한 비늘로 덮여 있었다는 연구 결과가 발표되자 입술이 없었다는 주장에 힘이 실리기도 했습니다. 그러나 여전히 어느 한쪽이 맞다고 결론내리기에는 복잡한 문제입니다. 이 만화에 나오는 티라노사우루스는 입술이 없습니다.

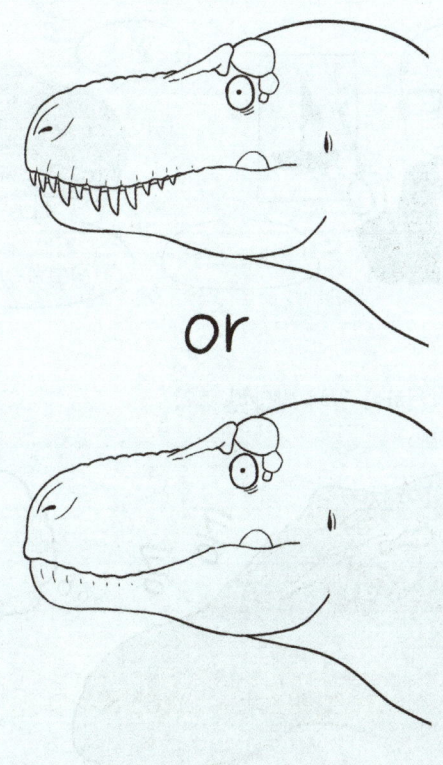

존 호너는 티라노사우루스가 왜 시체 청소부일 수밖에 없는지를 다음과 같은 이유로 설명했다.

1. 멀리 있는 먹이를 찾기에는 상대적으로 너무 작은 눈

2. 썩은 시체를 발견하기 위해 발달한 후각

3. 먹잇감을 잡기에는 너무 작은 앞다리

4. 오늘날 시체를 먹는 하이에나처럼 뼈째 씹어 먹을 수 있는 턱 구조

5. 사냥하기엔 너무 느린 이동 속도

이런 다섯 가지 이유로
티라노사우루스가 시체 청소부였을 거라는 주장이었다.

5. 사냥하기엔 너무 느린 이동속도

...그러나 이런 주장이 정설로 받아들여지는 일은 없었다.

덩덩이 큰 동물이 두 다리로 뛰었다간 다리가 부러질 겁니다.

그 후 티라노사우루스를 사랑하는 수많은 고생물학자에 의해

이 학설은 거짓말처럼 참패를 겪었다.

이러한 다섯 가지 이유로 티라노사우루스가 시체청소부였을 것이라는 주장이었다.

3화
시체 청소부 사냥꾼

앞서 말했듯이 이런 주장은 충분히 반박당했는데
그 논거는 다음과 같다.

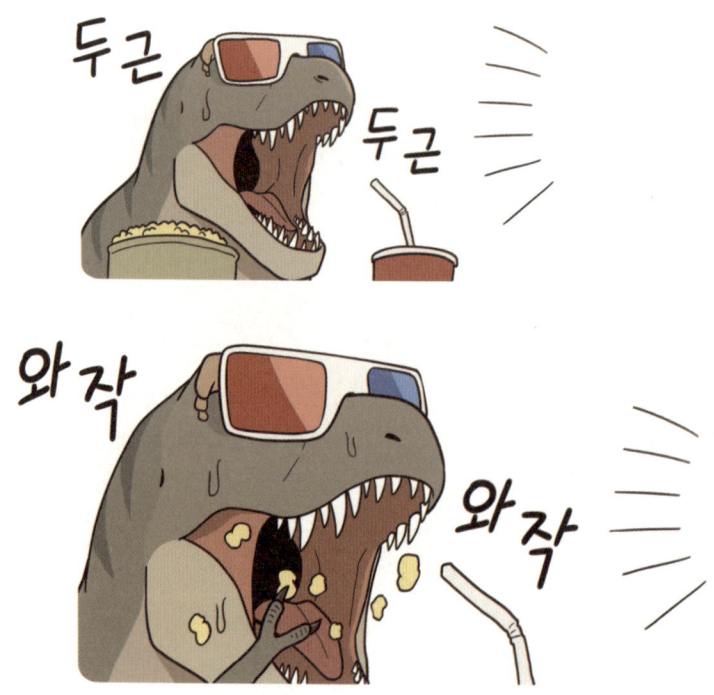

1. 티라노사우루스의 눈은 몸집에 비해 상대적으로 작지만
절대 작은 눈이 아니다.

나도 그쯤 되지 않을까?

눈알 지름이 13센티미터로
육상동물 중 최대 크기며

시력은 인간의 13배로 오늘날의 매나 독수리보다 훨씬 뛰어났다.

또한 두개골 화석을 보면 티라노사우루스가 다른 육식공룡과 다르게
눈이 앞을 향하고 있다는 점을 확인할 수 있는데

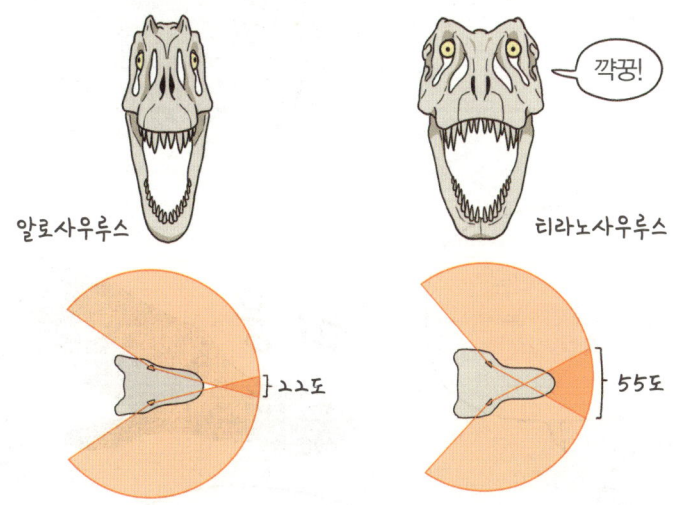

이런 구조 덕분에 두 눈의 시야가 많이 겹쳐
보다 입체적인 시각을 바탕으로 활동적으로 사냥할 수 있었다.

2. 썩은 고기는 냄새가 강하게 진동하기 때문에
오히려 발달된 후각이 필요하지 않다.

오히려 싱싱한 고기를 찾을 때 발달된 후각이 필요하다.

3. 뼈째 씹어 먹는 습성은 시체 청소부만의 습성이 아니다.

시체를 뼈째 씹어 먹는 점박이하이에나는 사실 90퍼센트의 먹이를 사냥으로 조달한다는 사실!

즐거운 사냥놀이 중

4. 굳이 팔을 쓰지 않아도 머리만으로 사냥할 수 있다.

앙

힝잉ㅜ

안킬로사우루스
(경주 안씨 -25653914대손)

양손은 거들 뿐…!

오늘날의 독수리나 늑대를 보면 머리만 쓰고도 사냥을 잘합니다.

냠

냠

5. 티라노사우루스는 빨리 달릴 필요가 없었다.
당시 티라노사우루스의 먹잇감들이 더 느렸기 때문이다.

또한 티라노사우루스는 뛸 수는 없었지만 꽤나 롱다리였기 때문에
성큼성큼 걸어서도 충분히 속도를 낼 수 있었다.

게다가 사실 그렇게 느리지도 않았다.

파충류에서 나타나는 꼬리와 다리를 잇는 근육의 힘과

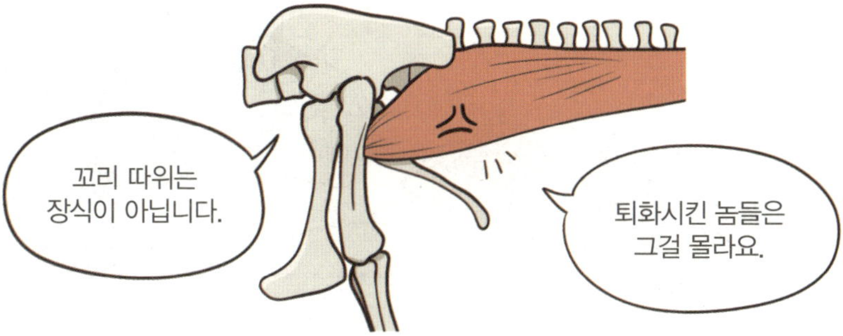

꼬리 따위는 장식이 아닙니다.

퇴화시킨 놈들은 그걸 몰라요.

충격을 줄여주는 다리뼈의 구조 덕분에

탄 력

가운데 발가락이 중간에 껴서 충격을 완화함!

시속 30~40킬로미터로 걸을 수 있었다.

성큼 성큼

덥 쎡

헉! 자전거보다 빠르다!

따라서 티라노사우루스는 시체만 파먹는 떠돌이 청소부가 아니다.

이후 티라노사우루스에게 물리고 상처가 아문 흔적이 있는
초식공룡의 화석마저 발견되어

티라노사우루스가 시체를 뜯어 먹은 흔적이라면 상처가 아물 일은 없었겠군.

시체 파먹는 놈이라면 왜 나를 건드렸겠어;;
간신히 도망쳐 나왔지. ㅠ

활동적인 사냥꾼임이 확실해졌다.

티라노사우루스가 시체 청소부라면 생태적 관점에서도 문제가 생긴다.

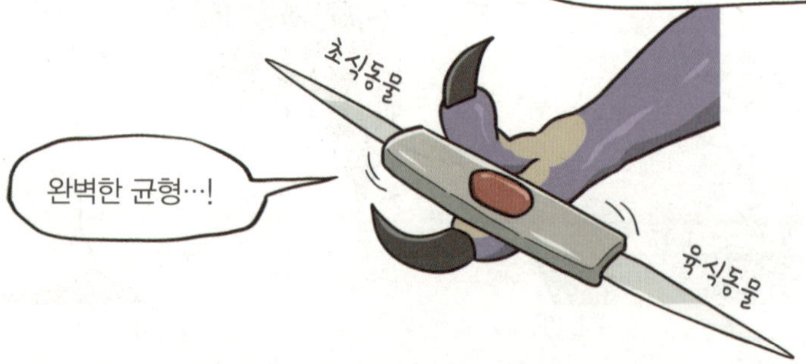

그리고 죽은 시체만 먹기에는
화석 기록상 티라노사우루스의 개체 수가 너무 많다.

게다가 몇몇 예외를 제외하면 오늘날 대다수 육식동물은
사냥과 시체 청소라는 두 가지 방법을 번갈아 사용해 식사한다.

티라노사우루스도 사냥할 수 있으면 사냥해서 먹고,
먹을 만한 시체가 있으면 파먹으면서 적당히 지냈을 것이다.

티라노 흉내의 올바른 예

- 티라노는 성대가 없어서 포효하지 못했다. 입을 다물고 공기 소리만 내준다.
- 입술이 없었을 거라는 가설을 선호한다면 앞니를 까주자.
- 성체의 경우 깃털이 없었을 것이다. 머리카락이 없다면 보다 정확하게 고증할 수 있다.
- 등을 굽혀 가능한 한 상체를 바닥에 평행한 상태로 유지한다.
- 손가락은 마주치고 가능하면 두 번째 손가락이 길어 보이도록 엄지-검지를 펴준다.
- 발바닥을 들고 발가락으로만 지탱한다.

티라노의 포효?

대개 옆의 그림을 보고 나면 이렇게 되묻습니다. "티라노가 성대가 없어서 포효하지 못 했다고?!" 티라노사우루스를 포함한 모든 공룡은 성대가 없었습니다. 그래서 영화에서처럼 우렁차게 포효하진 못했을 겁니다. 그 대신에 입을 다물고 낮게 떨리는 소리를 냈을 거라고 추측합니다. 살아 있는 공룡의 친척인 악어와 해오라기의 데이터를 기반으로 티라노사우루스의 울음소리를 복원해본 연구 결과가 있습니다. 낮게 그르렁대는 것이 꽤나 무서운데, 유튜브 등에서 검색하면 직접 들어볼 수 있습니다.

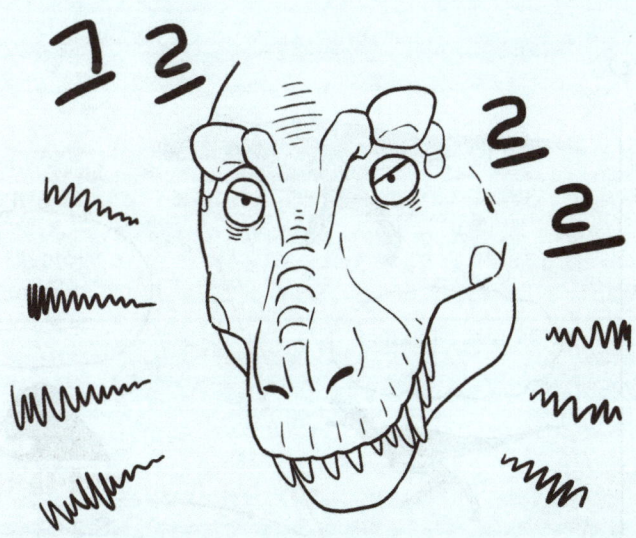

공룡의 뼈 화석을 자르면 공룡의 나이와 성장 속도를 알 수 있다.

티라노사우루스는 다른 공룡과 달리 급격한 성장 곡선을 나타낸다.

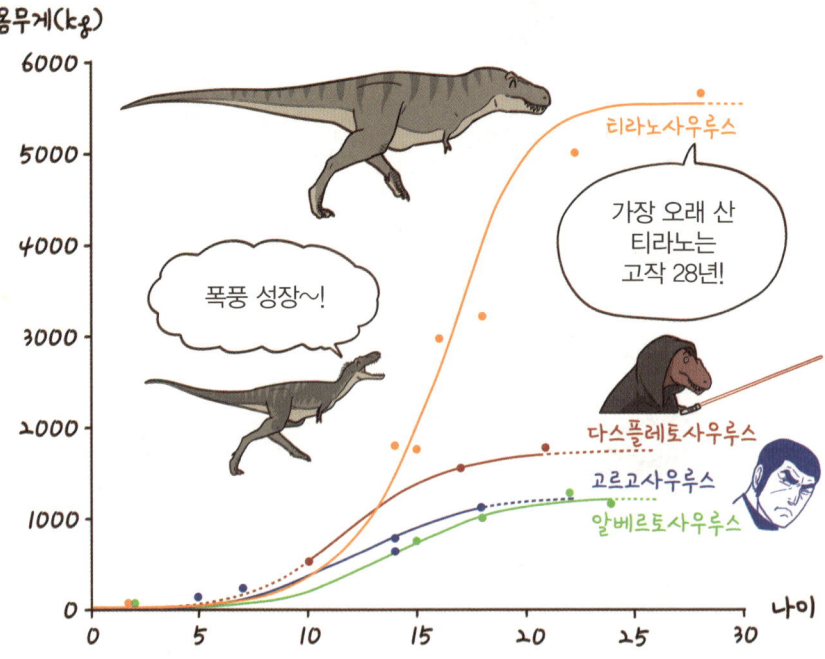

그 원인은 생태적인 측면에서 찾을 수 있다.

4화
연령대별 생태적 위치

알을 돌보고 있는 티라노사우루스

티라노사우루스도 다른 공룡처럼 둥지를 지었을 것으로 추정되지만 아직까지 둥지가 화석으로 발견된 적은 없다.

알에서 갓 깨어난 티라노사우루스의 새끼는
뽀송뽀송한 보온용 깃털이 있었을 것으로 추정된다.

어린 티라노사우루스는 성체와는 다른 모습이었는데,
좀더 길고 얇고 호리호리한 체형이었다.

티라노사우루스는 생후 10~15년을 기점으로 갑자기 폭풍 성장해

20년 정도 지나면 성체가 된다.

한마디로 티라노사우루스는 다른 공룡과는 다르게 긴 유년기를 보내다가 성체가 되는 것이다.

이런 현상의 원인을 티라노사우루스가 속한
생태계에서 찾는다.

티라노사우루스가 속한 생태계에는
크고 작은 초식공룡이 많았다.

일반적인 생태계에는 크고 작은 초식공룡을 잡아먹을
크고 작은 육식공룡이 있지만

티라노사우루스가 속한 생태계에는 마땅한 포식자가
티라노사우루스 정도뿐이었다.

즉, 성체 티라노사우루스가
거대하고 느린 초식공룡을 사냥할 때

어린 티라노사우루스는 1톤 정도의 가벼운 몸무게와
시속 50킬로미터에 달하는 재빠른 움직임으로

성체 티라노사우루스가 잡지 못하는
중간 크기의 빠른 초식공룡을 사냥했을 것으로 추정된다.

서로 다른 연령대의 개체가
서로 다른 생태적 지위를 누렸고

따라서 어린 티라노사우루스가 생태적 역할을 해내기 위해
긴 유년기를 보냈던 것으로 추측된다.

심지어 이런 다양한 연령대의 티라노사우루스가
무리지어 사냥했을 거라고 보는 시각도 있다.

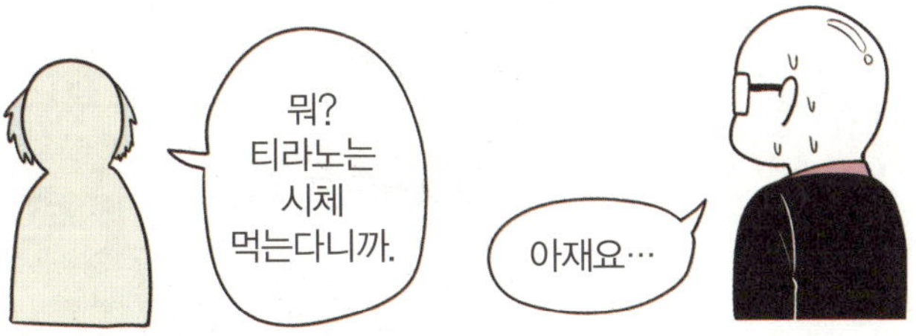

느리지만
강한 턱 힘을 지닌
성체가 마무리!

재빠른
어린 개체들이
사냥감을 몰면

뭐?
티라노는
시체
먹는다니까.

아재요…

캐나다에서는 티라노사우루스 3마리가
하드로사우루스류를 사냥한 흔적을 담은 발자국 화석이 발견되기도 했다.

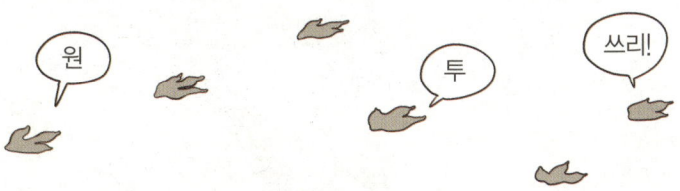

원 투 쓰리!

또 티라노사우루스 화석에서는
다른 티라노사우루스에게 물린 흔적이 많이 발견되는데

지들끼리 자주 싸울 만큼 사이가 그리 좋진 않았구먼.

이걸 보면 티라노사우루스가 조직적인 사냥 활동을 했다기보다는
악어처럼 무리지어 사냥하다가 사냥이 끝나면
다시 헤어져 생활했을 가능성이 크다.

티라노사우루스과의 사회성?

티라노사우루스과에 속하는 알베르토사우루스 화석에서 어떤 알베르토사우루스의 정강이뼈가 부러진 상태로 아문 흔적이 발견되었습니다. 육식공룡의 경우 정강이뼈가 부러지면 활동적인 사냥이 불가능했을 텐데, 꽤 오랜 기간 살아남아서 뼈가 아문 흔적까지 발견되었다는 것은 또 다른 추측을 불러일으킵니다. 어쩌면 다친 알베르토사우루스가 다른 개체에게 먹이를 공급받지는 않았을까요? 또 어떤 화석에서는 알베르토사우루스 26마리가 단체로 발견된 적도 있습니다. 이를 보면 티라노사우루스과의 공룡이 어느 정도 사회성을 갖고 있었을 거라고 추측해볼 수 있습니다.

나노티란누스 논쟁

나노티란누스라고 불리는 날렵하고 작은 공룡이 티라노사우루스와는 다른 별개의 종인지, 혹은 티라노사우루스의 아성체(새끼와 성체의 중간 정도)인지를 두고 논란이 많습니다. 나노티란누스를 별개의 종으로 주장하는 쪽은 성체보다 많은 이빨 개수, 성체 단계에 접어든 생물의 골격에서 흔히 나타나는 뼈의 융합을 근거로 삼습니다. 한편 나노티란누스를 티라노사우루스의 아성체로 주장하는 쪽은 같은 티라노사우루스과의 고르고사우루스에서 이미 성체로 성장하면서 이빨 개수가 줄어드는 현상이 확인되었다는 점, 뼈의 융합 정도가 성체로 보기 힘들다는 점을 근거로 삼습니다. 요즘은 대체로 나노티란누스가 티라노사우루스의 아성체라고 보는 시각이 우세합니다. 2006년, 다른 각룡류와 싸우다가 죽은 7미터 크기의 티라노사우루스류 화석이 발견되어 이 논란을 풀어낼 핵심적인 증거로 주목받았습니다. 그런데 이 화석이 경매로 팔려 개인 소유가 되는 바람에 연구가 이루어지지 않았고 논란은 다시 오리무중에 빠졌습니다. 이 만화에서는 나노티란누스를 티라노사우루스의 아성체로 다루었습니다.

2억 2천800만 년 전 트라이아스기에 등장한 공룡은

1억 6천300만 년 동안 각양각색의 모습으로
중생대 생태계를 누비며 진화적으로 커다란 성공을 거두었다.

5화
공룡의 성공 요인

물고기를 사냥하는
스피노사우루스

가장 오래된 공룡이 등장하는 이시구알라스토 지층을 보면

하하핫!
공룡의 등장이다!
두려워하라구,
애송이들!!
('공룡'의 뜻이
'무서운 도마뱀'이니까!)

공룡은 당시 동물종 가운데 고작 5.7퍼센트만 차지한다.
즉, 공룡이 처음 등장했을 때는 별 볼 일 없는 허접이었다.

처웃지 마.
니 얘기야.

호곡;;

당시의 다양한
육상동물들

그러나 트라이아스기 후기로 가면서 공룡이 점점 많아지더니

쥐라기에 이르러 완전히 지구에 판치게 된다.

처음에 과학자들은 이런 현상을 공룡의 우월성에서 야기된 필연적인 결과라고 설명했다.

다른 파충류와 구분되는 공룡만의 확연한 특징은 바로
아래로 곧게 뻗은 다리다.

악어 같은 파충류는 다리가 몸통에서 옆으로 뻗어 나와
배를 질질 끌며 이동하지만

공룡은 특이하게도 긴 다리가 아래로 곧게 뻗어 나와 있다.

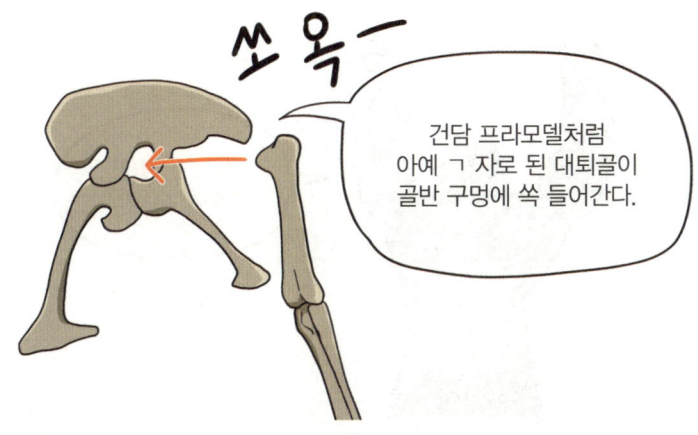

이 덕분에 공룡은 다른 파충류보다 더 넓은 보폭으로
재빠르게 움직일 수 있었다.

게다가 다리가 몸을 들어 올려주어
다른 파충류에 비해 폐활량도 월등했다.

이런 공룡의 타고난 '우월성'이 공룡이 성공한
'필연'적인 요인으로 설명되었다.

그러나 여기서 '우연'이 만들어낸 환경적인 요인을
살펴볼 필요가 있다.

공룡은 실제로 트라이아스기 후기에 두 차례 대멸종을 거치고
쥐라기에 이르러 폭발적으로 등장한다.

모든 대멸종이 그렇듯이,
기후 변화, 운석 충돌, 환경 변화 등의 원인으로 생물이 대규모로 멸절하면

다른 생물이 들어와 폭발적으로 진화해 그 빈자리를 메운다.
이것을 '적응방산'이라고 한다.

육상의 공룡이 멸종한 뒤 포유류가 그 자리를 채우고

바다의 해양 파충류가 멸종한 뒤
해양 포유류가 그 자리를 채운 것과 같다.

즉, 공룡은 트라이아스기 후기 두 번의 대멸종이라는 '우연' 속에서
운 좋게 살아남아 적응방산하여

쥐라기에 폭발적으로 진화할 수 있었다는 것이다.

물론 트라이아스기 후기의 건조하고 척박한 기후에서 공룡의 재빠른 활동성과 효율적인 호흡 구조는 커다란 이점으로 작용했을 것이다.

즉, 공룡의 성공에는 '우연'적인 사건에서 발생한 '필연'적인 이유가 있었다.

공룡 이전의 것들

공룡이 판을 치던 중생대 이전에도 거대한 네발동물이 지구를 지배하던 시기가 있었습니다. 그중에 원시 단궁류가 있습니다. 단궁류는 눈 뒤로 턱 근육이 붙는 구멍이 한 개 뚫려 있습니다. 당시의 단궁류는 굉장히 파충류다워 보이지만 사실은 오늘날의 포유류와 훨씬 가까운 동물입니다. 한때는 단궁류가 파충류로 여겨져서 '포유류형 파충류'라고 소개된 책을 종종 접할 수 있었는데 이제는 파충류와 공통 조상(양막류)을 공유할 뿐 완전히 다른 분류군에 속합니다. 오늘날의 포유류도 이 단궁류에 포함됩니다. 고생대 석탄기에는 3.6미터 크기의 오피아코돈이라는 단궁류가 포식자로 활동했고 고생대 페름기에는 비슷한 크기의 디메트로돈이라는 단궁류가 포식자로 활동했습니다. 물론 초식성 단궁류도 크게 번성했는데, 특히 고생대 페름기 후기부터 중생대 트라이아스기 전기까지 열대지방과 극지방에 살았던 리스트로사우루스가 어마어마한 개체 수로 유명합니다. 리스트로사우루스는 페름기 대멸종까지 살아남아, 대멸종 직후 당시 육상동물 중 대다수를 차지하기도 했습니다. 이후 단궁류는 중생대 트라이아스기 전기까지 크게 번성했지만 공룡을 포함한 여러 지배 파충류에 밀려 쇠퇴합니다. 그러나 신생대에 들어서면서 여러 지배 파충류가 멸종하고 단궁류의 일부인 포유류가 크게 번성하게 됩니다.

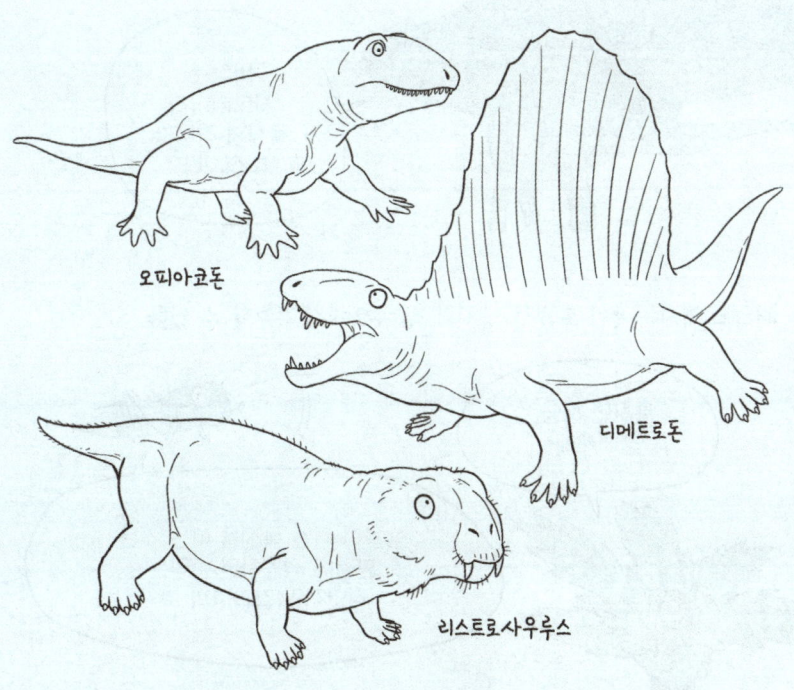
오피아코돈
디메트로돈
리스트로사우루스

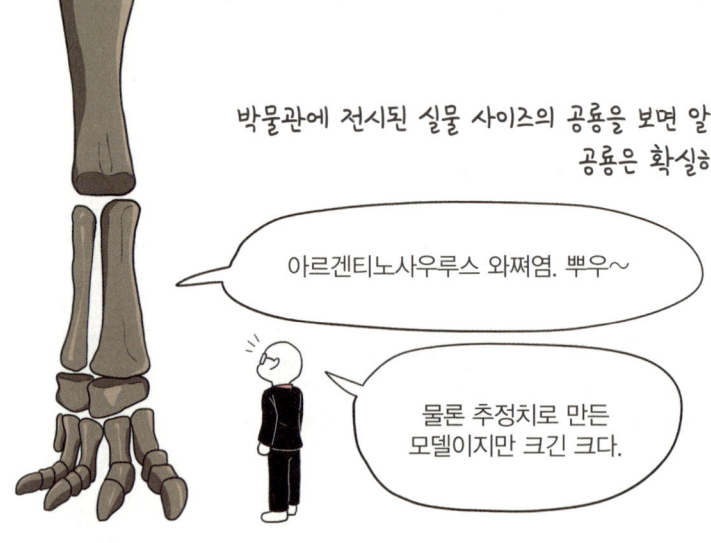

6화
공룡의 거대화

티라노사우루스의 배아
공룡은 거대했지만, 알은 몸집에 비해 작았다.

고생대 말, 크고 작은 대륙이 모이고 모여 초대륙 '판게아'를 형성한다.

이 과정에서 대규모 화산 폭발로
전 지구적인 온실 효과가 발생해서 지구는 더워지고

바닷속에서 메탄가스가 유출되는 등
산소는 점점 적어지고 온갖 유독물질이 대기를 가득 채웠다.

그 결과 지구 생태계의 생물종 96퍼센트가 멸종함으로써 고생대가 끝나고
중생대의 시작을 알리는 '페름기 대멸종'이 찾아온다.

이후 중생대에 들어서도 산소가 부족해진 환경이어서,

몇몇 공룡은 산소를 효율적으로 쓰기 위해 몸 곳곳에
폐와 연결된 공기주머니를 만들었고

이런 구조는 오늘날의 새까지 이어져 여전히 잘 활용되고 있다.

페름기 대멸종의 후유증은 식물에도 나타난다.
고농도 이산화탄소 환경에서 자라는 식물은 질소 함유율이 떨어지는데

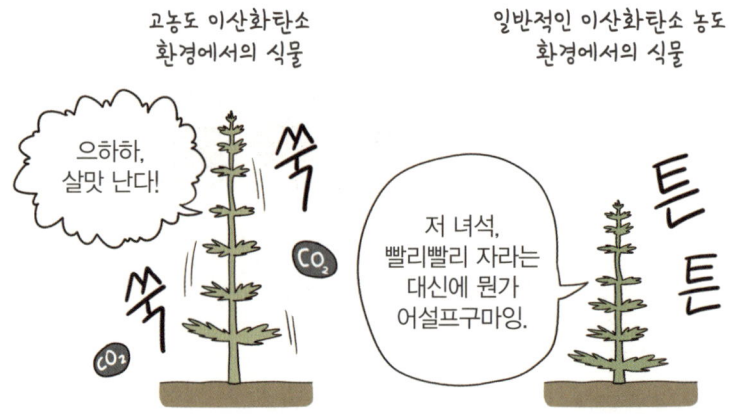

즉, 트라이아스기의 높은 이산화탄소 농도는
당시의 식물을 영양가 없는 풀때기로 전락시켰다.

게다가 트라이아스기 후기에 이르러서, 식물은 그 이전보다
훨씬 억센 외피를 갖추고, 가시나 독 같은 방어체계로 무장하기 시작했다.

그래서 공룡이 영양을 충분히 조달하기 위해서는
영양가 없는 풀을 많이 먹어야 했고

질겨진 식물을 분해하려면 장이 길어야 유리했다.

공룡은 영양가 없고 질긴 식물을 먹기 위해
길고 커다란 장이 필요해졌고, 몸이 거대해질 수밖에 없었다.

그러나 거대해지면서 무거워진 공룡은 움직이는 데 많은 에너지가 소비되었다.

그래서 가능하면 가만히 숙치고 앉아서 많은 식물을 훑어 먹을 수 있도록
목이 길어졌다.

또한 식물이 광합성에 필요한 빛을 독차지하려고 서로 경쟁하면서
점점 키가 커졌기 때문에

목이 길면 높은 곳에 위치한 식물까지 먹을 수 있다는 장점도 있었다.

목이 길어지다 보니 몸의 균형을 맞추기 위해
꼬리도 덩달아 길어지며 더욱 거대해졌다.

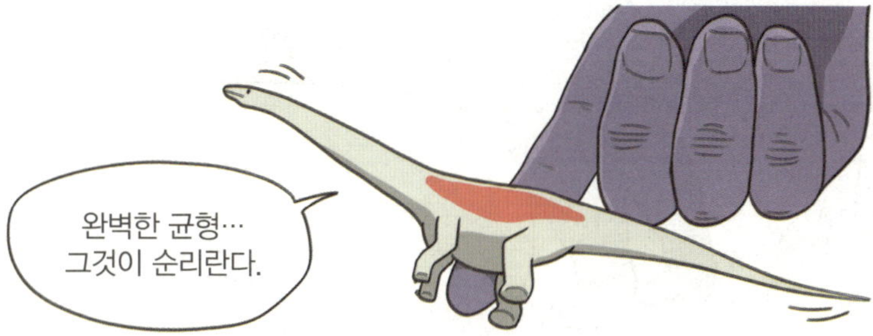

보통 어느 정도 거대해지면 자신의 체중을 견디지 못하는데

저산소 환경에서 생존하면서 얻은 공기주머니가
몸 구석구석에 있던 덕분에 가벼워서 더 거대해질 수 있었다.

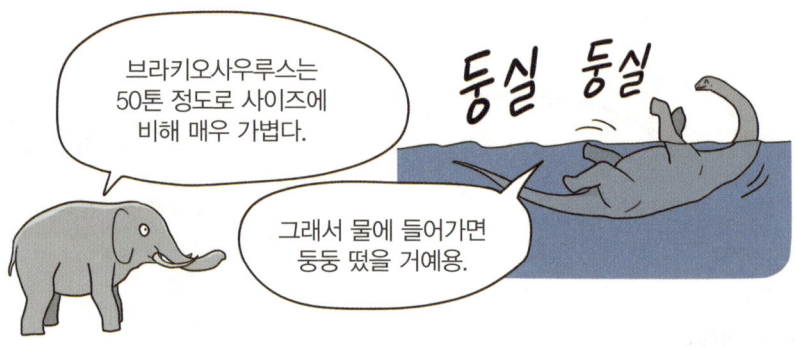

이렇게 거대해진 초식공룡을 상대하는
육식공룡도 덩달아 거대해지면서

물론 공룡이라고 모두 거대한 것은 아니다.
몸집이 작은 공룡도 많았으며

몸집이 작아도 생존에 유리하기만 하면 그만 아잉교?

제각각의 사이즈로 저마다의 생태적 지위를 누렸다.

커질 수 없는 공룡 알

공룡은 굉장히 거대해졌지만 공룡 알까지 그에 비례해 커질 수는 없었습니다. 알의 부피가 커질수록 그 구조를 버텨낼 알껍데기의 두께가 두꺼워져야 하는데, 알껍데기가 두꺼워지면 기체 교환을 위해 표면에 난 작고 무수한 숨구멍이 길어져 알 속의 배아가 숨쉬기 어려워집니다. 또 알껍데기가 두꺼워지면 나중에 새끼가 알을 깨고 나오는 데도 무리를 줍니다. 그래서 공룡 알은 공룡의 몸집에 비해 작을 수밖에 없었습니다. 그러나 최근 공룡의 성장 곡선을 연구해보니 공룡의 수명은 고작 30~40년 정도로 의외로 짧았다는 사실이 드러났습니다. 새끼 때는 작고 성체 때는 큰데 수명이 짧다면 자연스레 폭발적인 성장기를 갖고 있었다는 결론을 내릴 수 있습니다.

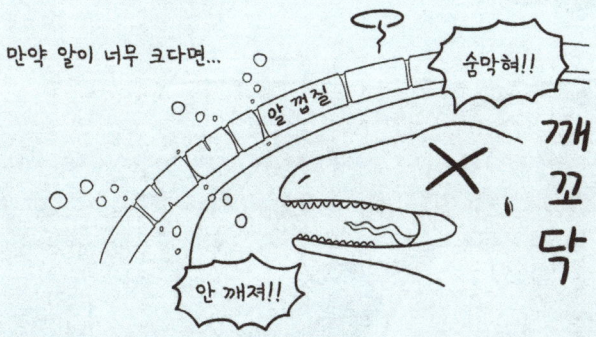

제2의 뇌?

흔히 떠도는 낭설 가운데 공룡은 몸집이 워낙 거대해서 몸을 제대로 움직이기 위한 제2의 뇌가 골반에도 존재한다는 이야기가 있습니다. 어떤 어린이 공룡책에는 이게 우리가 몰랐던 충격적인 사실로 소개되곤 하는데 사실 그런 것은 존재하지 않습니다. 물론 실제로 골반 부근의 척추에 빈 공간이 발견되긴 합니다. 이 공간의 이름은 '글리코겐체'인데 정확한 기능은 알려져 있지 않습니다. 오늘날의 새에게서도 이 공간을 발견할 수 있습니다.

알로사우루스의 사냥법

알로사우루스의 사냥법은 독특했습니다. 8~10미터에 이르는 대형 육식공룡인 알로사우루스의 무는 힘은 고작 300킬로그램으로, 비슷한 크기의 공룡에 비하면 형편없는 수준입니다. 사람만 한 데이노니쿠스가 무는 힘도 1천400킬로그램 정도 됩니다. 그러나 알로사우루스는 입을 굉장히 크게 벌릴 수 있었고, 강력한 목 근육과 튼튼한 위턱을 지녔습니다. 그래서 입을 매우 크게 벌린 뒤 강력한 목 근육을 써서 위턱을 도끼처럼 내리치는 방식으로 사냥했습니다.

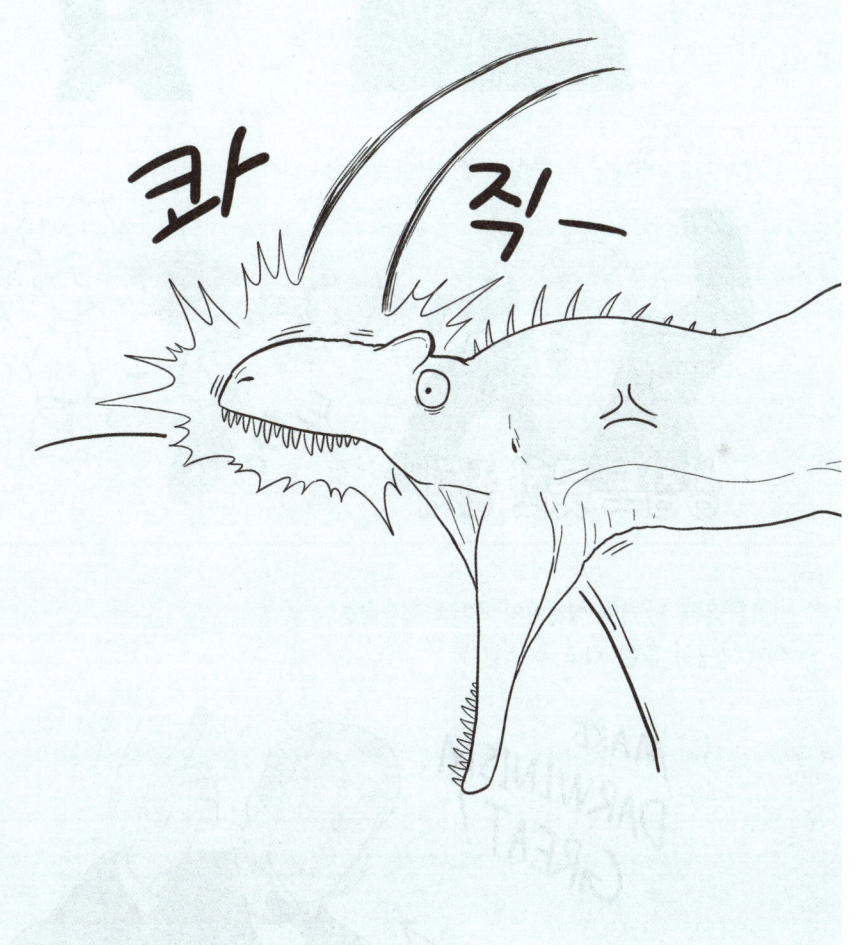

◀ 디플로도쿠스 무리 가운데 새끼를 노려 사냥하는 알로사우루스 무리

1859년, 찰스 다윈이 《종의 기원》을 통해
자연선택에 의한 진화론을 소개하고 나서 몇 년 뒤

독일에서 공룡과 조류의 특징을 동시에 띠는 시조새가 발견된다.

이것을 통해 다윈의 절친이던 토머스 헉슬리는
새가 공룡의 후손이라고 주장했다.

7화
공룡 르네상스
골격과 진화

오늘날의 새는 창사골이라는 독특한 뼈 구조를 가지고 있다.

창사골은 새들에게서만 발견되는 것으로,
힘줄이 붙어 있어 날갯짓을 하는 데 도움을 준다.

그러나 공룡에게는 이런 창사골이 없다는 이유로
1926년에 새가 공룡의 후손이라는 가설은 폐기되었다.

그래서 과거 고생물학자들은
공룡을 새와 관련 없는 느리고 굼뜬 파충류 정도로 여겼다.

이후 1969년 말에 어떤 공룡이 발견되기 전까지,
공룡은 대개 우둔하고 느려터진 차가운 파충류의 모습으로 복원되었다.

티라노사우루스는
허리를 곧게 세우고
무거운 꼬리를
질질 끌고 다녔으며

Yee

1954년
고질라는 나름
최신 복원도를
따른 것이지. ^^

왜 목이 기냐고요?
물속에서 얼굴만
빼꼼 내밀고
다닐려고유~

심지어 목 긴 공룡은
너무나 거대한 까닭에 육지에서는
자신의 체중을 견디지 못하고
물속에서 사는 모습으로 복원되었다.

그러다 1964년,
고생물학자 존 오스트롬은 이상한 공룡을 발견하게 된다.

이 공룡은 집단으로 발견되었는데,
거대한 초식공룡을 무리 지어 사냥한 것 같은 모습이었다.

그리고 공룡에 대한 기존 예측과 달리 재빨리 행동했을 것 같은
길고 가느다란 팔다리를 지니고 있었으며

꼬리뼈는 빳빳이 고정되어 땅에 질질 끌도록 구부러지지 않았다.

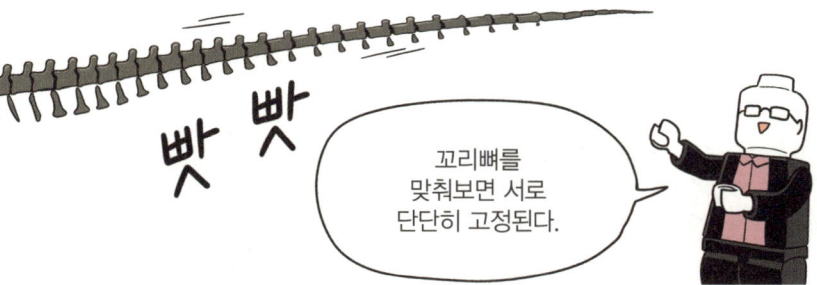

그리고 특징적인 커다란 두 번째 발톱에서 아이디어를 따와, '무서운 발톱'이라는 뜻의 '데이노니쿠스'라는 이름을 붙여주었다.

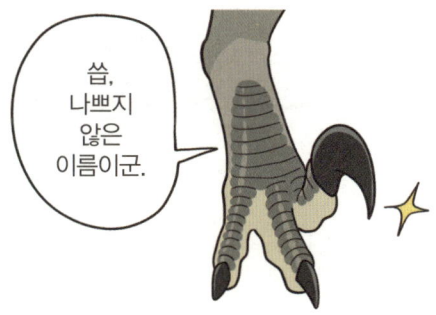

이 공룡들은 굼뜨고 느리고 우둔할 것 같던 공룡이라는 존재가 실은 날렵하고 재빠르며 집단으로 사냥하기도 하는 동물이라는 전혀 다른 시각을 제공해주었다.

그러나 더 특이한 점은,
데이노니쿠스의 골격이 새와 상당히 유사하다는 거였다.

때마침 존 오스트롬은 시조새의 골격을 연구할 기회가 있었는데
공룡과 시조새, 그리고 새의 골격을 비교한 다음

새가 공룡으로부터 진화했다는
100년 전 토머스 헉슬리의 가설을 부활시켰다.

이후 새와 공룡의 유사성은 100여 가지가 넘게 발견되었으며 사실상 새가 공룡으로부터 진화했다는 가설이 널리 받아들여진다.

과거의 공룡이 진화해 오늘날의 새가 되었단다!

그럼 헉슬리의 가설을 폐기시켰던
'새에게만 창사골이 있고 공룡에게는 창사골이 없다'는 주장은
어떻게 반박되었을까?

답은 간단하다. 공룡에게도 창사골이 있다.

2화의 티라노사우루스 골격이 복붙되었음을 눈치챘는가?

누군진 몰라도 내 가설을 폐기한 친구들은 일렬로 서서 티라노사우루스 창사골로 빠따 한 대씩 맞자.

창사골은 하일만이 '공룡에게 창사골이 없다'고
주장하기 2년 전에 이미 발견되었었다.

창사골의 존재를 알게 된 이후, 공룡 뼈를 다시 관찰하니
데이노니쿠스는 물론이고, 티라노사우루스부터
원시 육식공룡인 코일로피시스, 심지어 목 긴 공룡에게도 창사골이 있었다.

그렇다고 얘네가 비행하려고 창사골을 갖고 있었다는 말은 아니다.

생물의 진화가 늘 그렇듯이, 다른 용도로 갖고 있던 기관을
요즘의 새들이 비행하는 데 유용하게 사용하고 있을 뿐이다.

이렇게 공룡과 새의 유사성을 찾으며 이들의 진화사를 연구하는 사이

존 오스트롬의 제자 로버트 바커는 혁신적인 가설을 들고 와
공룡에 관한 전혀 새로운 시각을 제시했다.

바로 공룡은 활동적인 온혈동물이라는 주장이었다.

공룡의 손목

영화나 게임, 만화 속에서 묘사되는 공룡은 늘 손바닥이 배를 향하고 있지만 실제로 공룡의 손바닥은 대체로 서로 마주 보고 있습니다. 데이노니쿠스처럼 흔히 '랩터'라고 불리는 공룡이 속해 있는 특히 마니랍토라 계열 공룡은 반달 모양 손목뼈 때문에 더더욱 그렇습니다. 초식공룡도 발자국 흔적으로 유추해보면 어느 정도는 손바닥이 서로 마주 보도록 각도가 틀어져 있음을 알 수 있습니다.

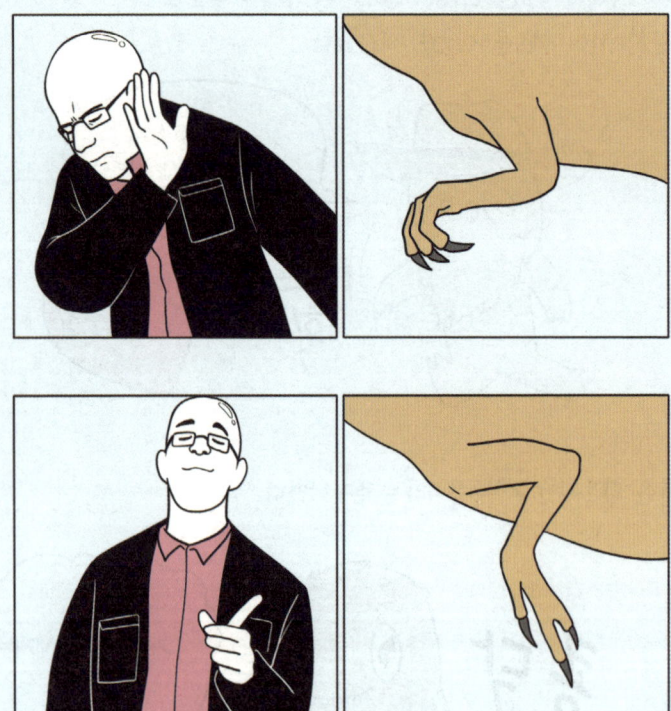

빳빳한 꼬리

공룡은 꼬리뼈가 서로 맞물리는 까닭에 꼬리가 빳빳했습니다. 심지어 몇몇 초식공룡은 뼈로 된 힘줄이 꼬리를 더욱 빳빳하게 고정시키기까지 합니다. 이구아노돈 역시 몸을 수평으로 눕히고 꼬리는 뼈로 된 힘줄로 고정해 빳빳하게 들고 다녔습니다. 그러다 보니 과거 공룡이 상체를 들고 꼬리를 질질 끌고 다녔다고 믿은 19세기에 이구아노돈을 복원하는 과정에서 문제가 생겼습니다. 벨기에왕립자연사박물관에서 이구아노돈의 상체를 들어 화석의 자세를 잡는데, 빳빳하게 고정된 꼬리뼈가 꺾이지 않았던 거죠. 이때 보통의 이성적인 과학자라면 복원한 이구아노돈의 자세를 수정하고 가능한 다른 자세를 연구해봤을 테지만 당시 박물관 소속 과학자는 그렇게 하지 않았습니다. 자신이 원하는 자세를 만들기 위해 꼬리뼈를 부서뜨리고 무리하게 꺾어서 끝내 이구아노돈의 상체를 세우고 꼬리를 질질 끄는 자세로 복원했습니다. 조작을 한 셈이죠. 그래서 당시의 공룡 복원도는 죄다 고질라처럼 상체를 세우고 꼬리를 질질 끄는 모습으로 그려지게 됩니다. 이후 20세기 중후반에 꼬리가 빳빳하게 고정된 데이노니쿠스가 발견되고 나서야 자세를 잘못 복원했다는 사실이 밝혀지죠. 오늘날 벨기에왕립자연사박물관에는 여전히 꼬리를 끌고 있는 이구아노돈이 전시되어 있습니다. 당시의 실수를 잊지 말자는 의미에서 그대로 둔 것입니다.

새가 공룡으로부터 진화했음을 연구하는 사이,
로버트 바커는 공룡이 새와 같은 온혈동물이라고 주장했다.

체온을 유지하지 못해 피가 차가운 냉혈동물은 느리고 굼뜬 반면에
체온 유지가 가능해 피가 따뜻한 온혈동물은 활동적인 만큼

공룡은 온혈동물이며, 그만큼 활동적이었다는 혁신적인 가설이었다.

8화
공룡 르네상스
체온과 활동

잠자는 프시타코사우루스
조반목 공룡 가운데 최초로 깃털이 발견된 공룡이다.
또한 최초로 피부 색깔이 밝혀진 공룡이다.

바커는 다음과 같은 이유로 공룡이 온혈동물이라고 주장했다.

우선 모든 활동적인 온혈동물이 그렇듯이 다리가 아래로 뻗어 있다는 점

그리고 데이노니쿠스처럼 재빠르게 움직이거나
목 긴 공룡처럼 머리까지 피를 펌프질하기 위해서는
온혈동물 특유의 성능 좋은 심장이 필요하다는 점

또한 공룡이 추운 극지방에서도 발견되는 것으로 보아
체온을 따뜻하게 유지할 수 있었다는 점

그리고 공룡은 말 그대로 폭풍 성장하는데,
이 정도의 폭발적인 물질대사는 온혈동물만 가능하다는 점

그리고 육식공룡의 수가 초식공룡에 비해 현저히 적은 점

마지막으로, 공룡의 일부인 새가 온혈동물이라는 점이다.

그러나 이 주장 역시 이곳저곳에서 반박되었는데,
그에 앞서 온혈동물과 냉혈동물의 개념부터 재정의할 필요가 있다.

요즘은 온혈, 냉혈이라는 표현보다
자신의 체온을 일정하게 유지할 수 있는
'항온동물'이나

자신의 체온을 일정하게 유지하지 못하는 '변온동물'이라는 표현을 사용하며

체내에서 열을 생산해 체온을 조절하는 '내온성'인지
외부의 열을 통해 체온을 조절하는 '외온성'인지도 따져서 분류한다.

체온에 따른 분류는 다음과 같다.

	항온동물	변온동물
내온성	내온성 항온동물 대다수의 포유류, 조류	내온성 변온동물 박쥐, 가시두더지
외온성	외온성 항온동물 바다악어, 코끼리거북, 장수거북, 다랑어	외온성 변온동물 대다수의 파충류, 양서류

난 어디에 들어갈까?

바커는 공룡이 스스로 체내에서 열을 내 활동하는
내온성 항온동물이라고 주장했다.

나는야 공룡.
어제 나의 정체성을
깨달았다.

나는 바로
내온성 항온동물이었던
것이다!

♡ 내온성
항온동물

그러나 이 주장에는
약간의 문제가 있다.

체온조절
문제

식사량

저 그냥
나갈게요.

몸집이 거대해질수록 표면적은 줄어드는데

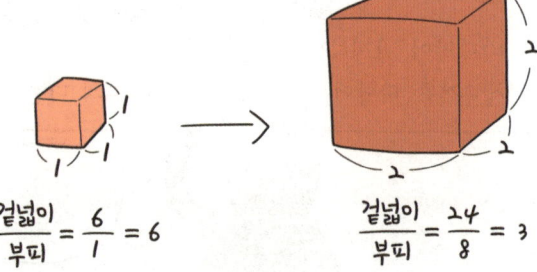

$\dfrac{\text{겉넓이}}{\text{부피}} = \dfrac{6}{1} = 6$

$\dfrac{\text{겉넓이}}{\text{부피}} = \dfrac{24}{8} = 3$

심지어 일부 초식공룡은 무리지어 생활했던 것으로 추정하는데,
내온성 항온동물의 식사량을 유지했다면 먹이 부족 문제가 더욱 심각해진다.

게다가 목 긴 공룡의 경우
그 작은 머리로 하루 종일 먹어도 양을 다 채우지 못했을 것이다.

대형 육식공룡 역시 개체 수가 적다고는 하지만,
내온성 항온동물로 가정하면 먹이양이 부족해지며
체온 조절에도 문제가 생긴다.

오늘날의 바다악어와 코끼리거북은 외온성이지만 몸집이 큰 덕분에 열 발산이 제대로 안 되어 체온이 일정하게 유지된다. 이것을 '거대항온성'이라고 한다.

따라서 거대한 공룡은 내온성 항온동물이라기보다는 오늘날의 거대 파충류처럼 커다란 몸집 덕분에 체온이 유지되는 거대항온성 동물로 보는 시각이 우세하다.

거대항온성은 먹이를 적게 먹어도 체온 유지를 위해 큰 에너지를 들이지 않는 나름의 효율적인 전략이므로, 이런 이유로 공룡이 거대해졌을 것이라는 주장도 있다.

이렇듯 공룡 전부를 싸잡아
'내온성 항온동물이다'라고 말하기엔 무리가 있지만

공룡은 굼뜨지 않고 굉장히 활동적이었다는 사실과

공룡이 새의 조상이라는 사실은
기존 패러다임을 새롭게 전환하는 과학혁명을 일으켰다.

이 사건을 통해 그동안 묘사되던 공룡의 모습도 완전히 바뀐다.

고질라처럼 허리를 세우고 꼬리를 질질 끌던 티라노사우루스는
허리를 수평으로 눕힌 호리호리한 체형으로 바뀌었으며

물에 처박혀 얼굴만 수면으로 내민 목 긴 공룡은
물에서 나와 다리를 세우고 걷게 되었다.

이런 근본적인 변화를 기점으로, 공룡 연구에 있어서도
진화, 행동 생태, 생리학 등 거의 모든 측면에서
기존과는 다른 시각의 혁신적인 실험이 이어지며

무수히 많은 대중매체에 공룡이 등장하게 된다.

이 과학혁명을 '공룡 르네상스'라고 칭한다.

목 긴 공룡의 자세 논쟁

과거 목 긴 공룡의 화석이 처음 발견되었을 때, 이 공룡이 너무 거대해서 육지에서는 몸무게를 스스로 버텨낼 수 없다고 생각했습니다. 그래서 물속에 사는 공룡으로 복원되거나 악어처럼 다리를 굽히고 배를 땅에 질질 끌고 다니는 모습으로 복원되었습니다. 그러나 목 긴 공룡은 물속에 살기에는 너무 가벼워서 물에 떴을 것이고, 발자국 화석을 봐도 배를 끌었을 자국인 커다란 도랑이 발견되지 않았습니다. 그래서 목 긴 공룡은 우리가 아는 대로 곧은 다리로 육지를 걷는 모습으로 복원되었습니다. 그런데 목 긴 공룡이 목을 얼마만큼 숙이는지도 논쟁의 대상이었습니다. 한때는 목을 높이 세워 그렸지만 목을 너무 높이 세우면 심장의 펌프질만으로는 머리까지 혈액이 공급되지 않는다는 지적이 있자 다시 고개를 숙여 그렸습니다. 그러다 또 너무 숙이면 무게중심이 틀어진다고 해서 지금처럼 적당히 고개를 숙인 모습이 되었습니다.

목 긴 공룡의 콧구멍 위치 논쟁

목 긴 공룡의 콧구멍 위치도 논쟁의 대상이었습니다. 가장 유명한 목 긴 공룡인 브라키오사우루스의 두개골을 보면 콧구멍 위치가 눈 위에 있습니다. 한때는 콧구멍 위치를 잘 몰라서 주둥이 끝에 그려 넣었지만, 제대로 된 두개골 화석을 토대로 복원해 눈 위에 콧구멍을 그리게 되었습니다. 그러다가 두개골 콧구멍에서 주둥이 끝을 잇는 혈관 자국이 발견되면서 기다란 연조직이 있을 거라는 추측이 힘을 얻었고, 콧구멍 위치는 다시 주둥이 끝으로 돌아오게 되었습니다. 이 혈관 자국에 있었던 연조직이 커다랗게 부풀었을지 모른다는 시각도 있습니다. 그리고 콧구멍 주위의 혈관 자국은 거대한 근육성 연조직이 있는 코끼리에서도 발견되는 것이라, 반쯤은 장난으로 목 긴 공룡에 코끼리코를 다는 사람들도 있습니다.

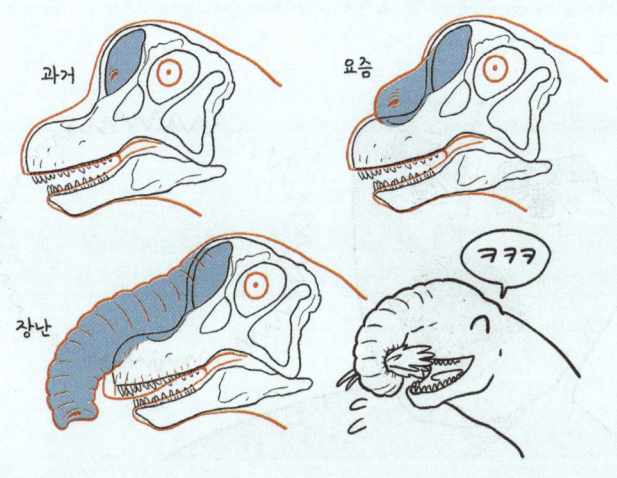

모든 공룡이 거대항온성을 띠는
외온성 동물이라고 추측하기엔 작은 공룡이 많다.

또한 오늘날까지 살아남은 공룡인 새는
내온성 항온동물이다.

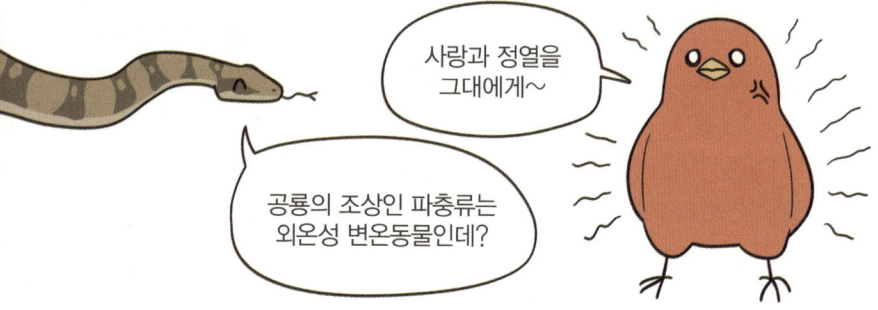

이런 여러 문제를 해결하기 위해
완전히 새로운 공룡 체온체계 모델이 제시되었다.
이것이 바로 '골디락스 가설'이다.

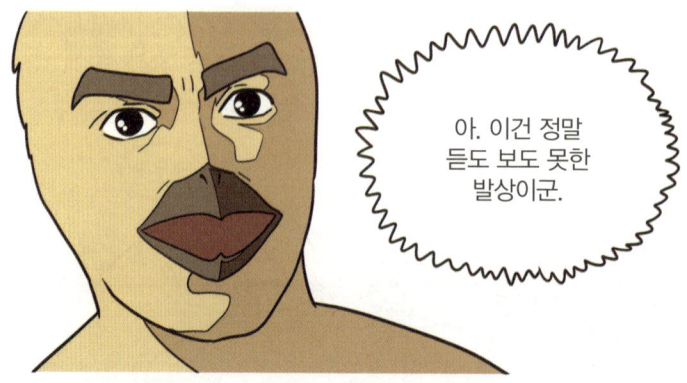

9화
골디락스 가설

골디락스란 뜨겁지도 차갑지도 않은 호황을 일컫는 경제학 용어다.

공룡학자 스콧 샘슨은 공룡이 내온성이냐 외온성이냐 하는 논쟁에서

공룡이 그 중간에 위치하는 '중온성'을 띤다는 모델을 제시했는데, 이를 골디락스 가설이라고 한다.

골디락스 가설은 생명체 내의 에너지를
두 분야에 어떻게 나누어 할당하는지 구분한다.

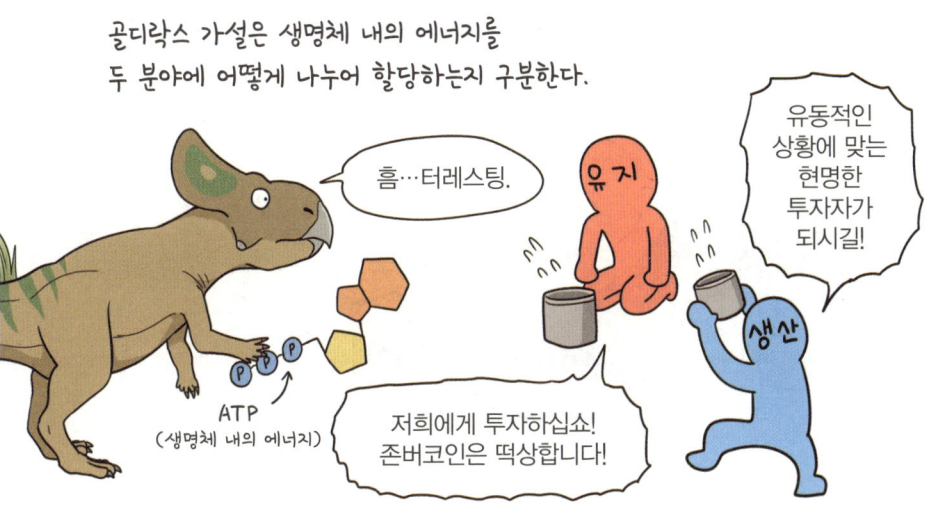

첫 번째, '유지'하는 데 에너지를 사용한다.

두 번째, '생산'하는 데 에너지를 쓴다.

외온성 동물은 체온을 '유지'하는 데 그닥 에너지를 쓰지 않아
'생산'에 많은 에너지를 할당한다.

반면에 내온성 동물은 체온을 '유지'하는 데 에너지를 쏟아부어
'생산'에 많은 에너지를 할당하지 못한다.

그리고 그 중간쯤 되는 '중온성' 공룡은
둘의 장점을 적당히 두루두루 가져간다는 것이다.

원래 공룡의 조상은 일반적으로 파충류답게 외온성 동물이었고,
원시 공룡이 활동적인 것만큼 전체적인 대사량이 좀 많았을 것이다.

시작은 대사량이 많은 외온성 파충류다!

에너지가 많아지면 남는 에너지를 '유지'에 많이 투자하는 게 상식이지만 실제로 외온성 동물이 대사량이 높아지면 '생산'과 '유지'에 쓰는 에너지가 동시에 증가.

그리고 대사량이 많아 에너지가 많이 남았지만,
외온성 조상들과 마찬가지로 '유지'에는 에너지가 상대적으로 적게 들어 '생산'에 에너지를 많이 쏟아부을 수 있었다.

그런데 유지 비용이 너무 커지면 어느 순간에 생산 에너지양이 급격히 떨어진다. ㅠ

그래도 예전보다 생산 에너지는 많음. ㅋ

원래 유지 비용은 얼마 들지도 않았지만 요즘은 에너지 먹는 하마 같은 기분이…

생산에 넣어둔 것 좀 가져와라. ㅋ

덕분에 공룡은 빠른 속도로 성장하는 특징을 나타냈고

내온성 항온동물이라서 폭풍 성장이 가능한 것이 아니라 그냥 에너지가 많이 남더라!

뿔과 골판과 골즐(볏) 같은 화려한 과시용 구조물이 만들어질 수 있었을 것이라는 주장이다.

이런 주장은 또한 앞서 소개한 거대 공룡의 체온 유지 문제도 해결해준다.

공룡이 중온성이라면 내온성 동물처럼 체온 유지를 위해 열을 많이 낼 필요도 없다.

또한 내온성 동물 수준으로 많이 먹지 않고도
몸을 유지하며 빠르게 성장하는 게 가능하다.

게다가 이 골디락스 가설을 적용하면 왜 바다 공룡이 없었는지
명확하게 설명할 수 있다.

외온성 동물인 파충류나 내온성 동물인 조류와 포유류 중에는
모두 바다생활에 적응한 종이 있지만 공룡은 없다.

외온성 동물이야 체온을 잃을 것이 없고
내온성 동물은 먹이를 많이 먹어서 체온을 유지하면 되지만

적은 양의 먹이를 먹으면서 나름 효율성이 뛰어난 대사량을 유지하던
중온성 공룡이라면, 물속에서 사는 데 필요한 만큼의 열을 만들며
적응할 여유가 부족했을 것이기 때문이다.

이런 중온성 공룡 모델을 징검다리 삼아
외온성 파충류가 내온성 조류로 진화하는 과정을 거쳤을 것이다.

그러나 사실, 새와 가까운 어느 정도의 공룡 무리에서는
이미 완전한 내온성 물질대사로 진입했을 것으로 본다.

마니랍토라류(새도 여기에 포함된다)에 해당하는 공룡 일부는
알을 품는 모습의 화석이 발견되기도 하는데,
이건 내온성 조류만의 특징이다.

그러나 이런 고비용의 내온성 물질대사로 넘어간 공룡 역시
여러 제약에 부딪힌 것으로 보인다.

앞서 소개했듯이 내온성 동물은 거대해지면 체온을 발산하기 힘들다.
그래서 거대해질 수 없었다.

테리지노사우루스나 기간토랍토르 같은 일부 거대한 마니랍토라류는
육식에서 초식 내지 잡식으로 식성을 바꾼 것으로 보인다.
내온성이 되어 높아진 대사량을 감당하려면 고기만 먹을 수 없기 때문이다.

이런 다양한 증거와 해석을 근거 삼아
공룡이 중온성이라는 물질대사 형태를 가지고 있었고
새를 포함한 일부 무리가 내온성을 획득한 것으로 본다.

아쉽게도 오늘날 살아 있는 동물 중에서
중온성 물질대사 형태를 지닌 생물은 존재하지 않는다.

그러나 확실히 내온성 새가 외온성 파충류로부터 기원했다는 점,
폭풍 성장과 체온 유지, 바다 공룡 부재 등의 증거를 통해
유추해볼 수 있는 설득력 있는 모델이다.

최신 연구에서는 공룡 알 화석을 통해 공룡의 체온을 측정하기도 했다.

분석 결과, 공룡의 체온은 의외로 높은 것으로 밝혀졌다.

그러나 새가 공룡으로부터 진화했다는 결정적인 증거와

공룡의 일부가 내온성을 띠었다는 결정적인 증거는
사실 하나로 모아진다.

바로 깃털이다.

반수생공룡

완전한 수생공룡은 없었지만 반수생 생태를 가졌을 것으로 추측하는 공룡이 몇몇 있습니다. 가장 유명한 공룡은 스피노사우루스입니다. 악어와 비슷한 주둥이와 물고기를 탐지하는 데 썼을 기관, 오늘날 반수생 생물과 유사한 치밀한 뼈조직과 동위원소 수치, 수생생활에 적합하도록 느슨하게 결합된 꼬리, 함께 발견되는 다양한 물고기가 그 근거입니다. 게다가 2020년에 새로운 스피노사우루스의 화석이 보고되면서 스피노사우루스의 꼬리가 도롱뇽이나 악어처럼 물 속에서 추진력을 내기에 적합한 지느러미 모양임이 밝혀졌습니다. 이러한 증거가 더해져 스피노사우루스가 반수생공룡이었을 것으로 추측하고 있습니다.

이빨로 알 수 있는 식생활

이빨은 화석으로 쉽게 남으면서도 과거 동물의 식성에 관한 정보를 많이 제공해줍니다. 뭉툭하고 두꺼운 티라노사우루스의 이빨은 뼈째 씹어 먹는 식성을, 날카로운 알로사우루스의 이빨은 살점을 뜯어 먹었다는 사실을 알게 해줍니다. 육식공룡이 속하는 수각류 공룡인데도 테리지노사우루스가 초식성 공룡임을 알 수 있는 것도 초식공룡과 유사한 이빨 구조 덕분입니다. 뒤에 외전에서 소개할 고비랍토르의 경우 두꺼운 부리가 달린 점을 근거로 그 지층에서 함께 나오는 조개를 먹었을 거라고 추측하기도 합니다.

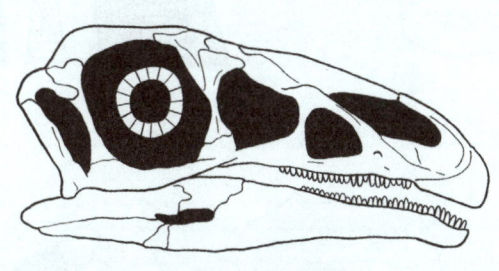

초식공룡의 이빨을 지닌
테리지노사우루스류의 두개골

위석

목 긴 공룡의 이빨은 풀을 씹기에 적합한 구조가 아닙니다. 오히려 풀을 훑어서 뜯어내는 데 적합합니다. 목 긴 공룡의 화석은 대개 복부 쪽에 자갈이 한데 모여 있는 상태로 발견됩니다. 이런 자갈을 '위석'이라고 합니다. 아마도 목 긴 공룡은 거대한 몸을 유지하기 위해 풀을 씹지도 않고 삼키느라 바빴을 겁니다. 그래서 이빨로 풀을 씹는 대신 자갈을 삼킨 뒤 모래주머니에서 자갈을 서로 부딪혀 식물을 잘게 으깼던 거죠. 오늘날 닭에서 보이는 닭똥집이 바로 이 모래주머니입니다.

시조새와 데이노니쿠스를 통해
공룡으로부터 새가 진화했다는 것을 알게 된 이후

과학자들은 공룡으로부터 '깃털'의 흔적을 찾기 시작했고

그러다 1996년 중국에서 깃털 달린 공룡이 발견된다.

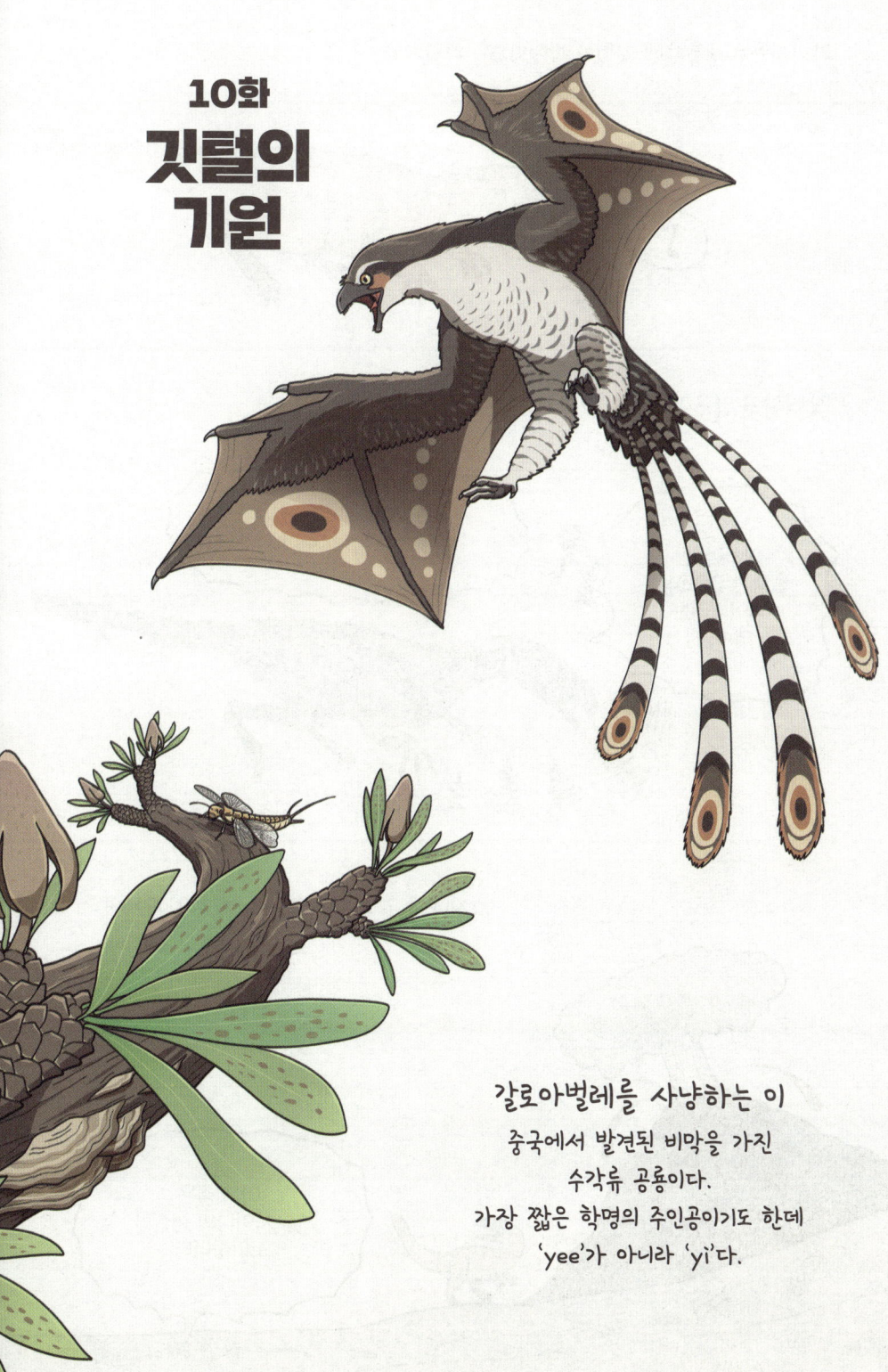

10화
깃털의 기원

갈로아벌레를 사냥하는 이
중국에서 발견된 비막을 가진
수각류 공룡이다.
가장 짧은 학명의 주인공이기도 한데
'yee'가 아니라 'yi'다.

과학자들은 공룡한테 깃털이 발견되기를 바랐지만

딱딱하지 않은 연조직이 화석으로 보존되기란 쉽지 않은 일이다.

그러나 중국 랴오닝성의 이시안층은 과거에 화산 지대였기 때문에

이 지층은 헬-차이나의 현실을 보여줍니다!

뽀얀 화산재에 공룡이 스르륵 덮여
연조직이 예쁘게 보존될 수 있었다.

이렇게 보존율이 뛰어난 지층이 동네에 있는 덕분에
랴오닝성 농부들은 부업으로 화석을 캐다 팔았고

그 과정에서 과학자들이 기다리고 기다리던
깃털 달린 공룡이 발견된다!

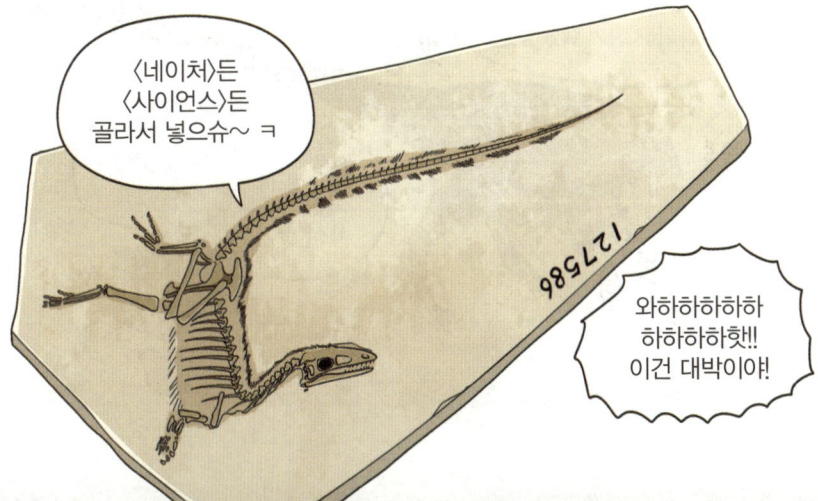

이 뽀송뽀송한 공룡은
'시노사우롭테릭스'라고 명명되었고

이후 수많은 소형 육식공룡에게서 깃털이나 깃털의 흔적이 발견되었다.

심지어 2004년에는 티라노사우루스의 조상뻘쯤 되는 '딜롱'이라는 공룡에게서도 깃털이 발견되었다.

그래서 과학자들은 소형 육식공룡에게만 깃털이 있을 거라 생각했는데···

2012년에는 9미터 크기의 몸이 깃털로 뒤덮인 티라노사우루스상과의 대형 육식공룡, '유티란누스'까지 발견된다.

그래서 깃털은 '새를 포함한 일부 육식공룡'의 전유물쯤으로 여겨지고 있었는데···

새는 육식공룡과 같은 수각류니까··· 그쪽 애들은 깃털이 있나 보지 뭐.

2014년, 러시아에서 '쿨린다드로메우스'라는 이름의 더 괴상한 공룡이 발견된다.

이 공룡은 육식공룡이 아닌 조반류에 속하는 원시 초식공룡으로

엣헴, 조상뻘 정도로 알고 모셔라.

깃털과 비늘을 동시에 가지고 있었다!

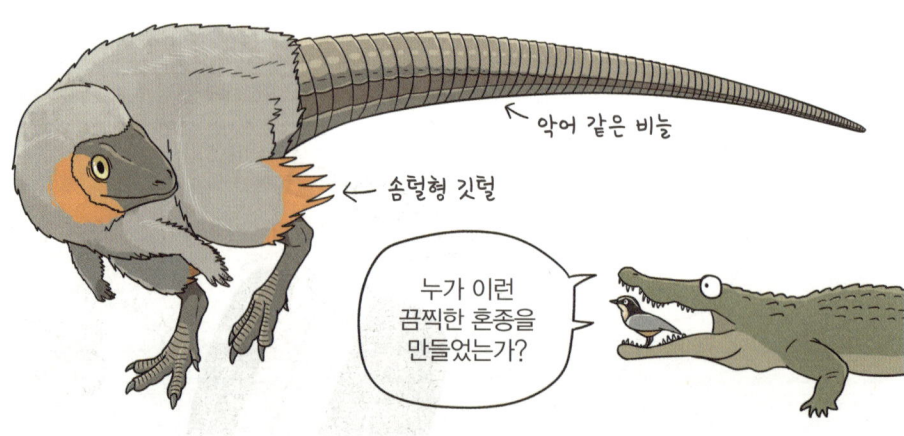

← 악어 같은 비늘

← 솜털형 깃털

누가 이런 끔찍한 혼종을 만들었는가?

사실 2002년에 이미 육식공룡이 아닌 프시타코사우루스라는
원시 뿔공룡에게 '깃'이 발견되기긴 했지만

구조가 너무 원시적이어서 육식공룡의 깃털과는
상관없는 변형된 비늘 정도라고만 알려졌다.

그러나 쿨린다드로메우스의 깃털은 육식공룡의 깃털보다는 단순하지만
프시타코사우루스의 깃보다는 복잡한 중간 형태였고

이로써 초식공룡에게도 깃털이 있었음이 알려졌다.

그리고 공룡은 아니지만
공룡과 조상을 공유하는 익룡도
독자적으로 진화한 '피코노섬유'라는
털을 가지고 있었고

공룡 및 익룡과 조상을 공유하는 악어는 깃털도 없으면서
깃털 유전자를 지니고 있었다.

그래서 과거에는 육식공룡에서 새로 진화하는 어느 단계에서
육식공룡이 깃털을 지니게 된 것으로 생각했지만

원시 초식공룡의 깃털과 익룡의 털,
악어에서도 발견되는 깃털 유전자를 고려해보았을 때

공룡 이전부터 이미 깃털과 관련된 구조물을 갖추고 있었을지도 모른다.

그리고 차차 진화 과정을 겪으면서 용도에 따라

솜털과

깃과

깃털과 같은 형태로 변환시켰을 것이다.

비늘과 깃털의 관계

새의 다리에는 비늘이 있습니다. 과거에는 이 비늘을 파충류 시절의 흔적으로 여겼지만 오늘날 이 비늘은 발현이 억제된 깃털이 변형된 형태라는 사실이 밝혀졌습니다. 즉 비늘이 있고 나서 깃털이 만들어진 것이 아니라, 사실은 깃털이 있고 나서 비늘이 만들어졌다는 말입니다. 원시적인 솜털과 비늘이 함께 발견된 공룡인 쿨린다드로메우스의 경우, 발견된 비늘의 구조가 오늘날의 도마뱀이 아닌 새의 비늘과 유사했습니다. 어쩌면 그동안 화석으로 알 수 있었던 공룡의 비늘은 뱀과 도마뱀 같은 파충류와는 다른 기원을 가진 구조였을지도 모릅니다. 물론 조금 더 거슬러 올라가보면 비늘, 깃털, 털 모두 하나의 동일한 기관에서 기원했지만요.

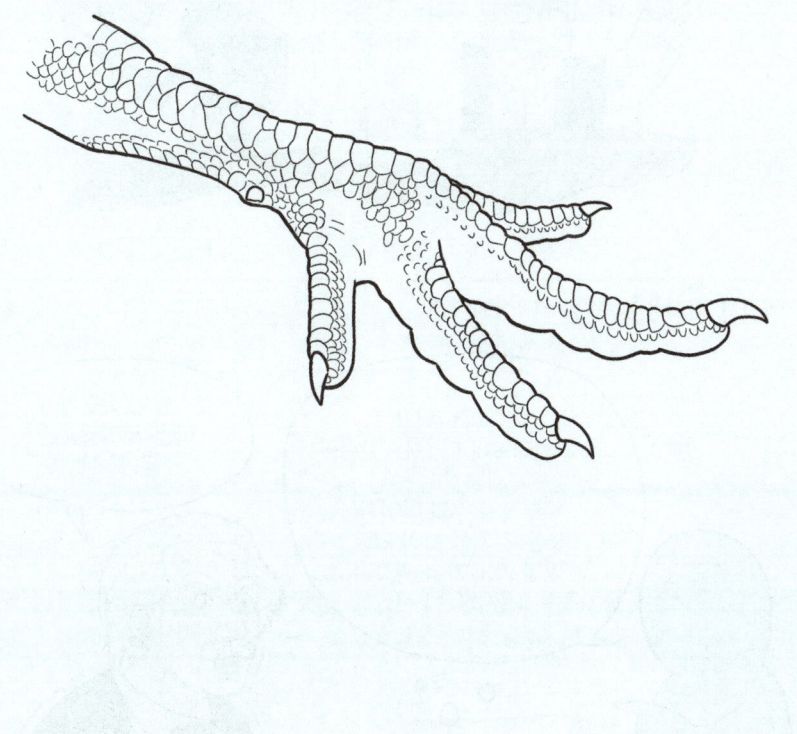

찰스 다윈이 쓴 《종의 기원》이 출판된 지 어언 150여 년

시조새와 틱타알릭 등 갖가지 중간 단계의 미싱링크 화석이 끊임없이 발견되며 진화론은 정교함과 튼튼함을 다져나갔지만

여전히 진화론은 논쟁의 대상이다.

11화
환원 불가능한 복잡성과 깃털

잠자는 메이
잠자는 상태로 화석화된 수각류 공룡이다.
중국에서 발견되었다.
머리를 몸에 파묻고 잤다는 걸 알 수 있는데
오늘날의 새가 잠잘 때 체온을 유지하려고
취하는 자세와 같다.

진화론을 부정하는 입장에선
성경에 나오는 인물의 나이를 합친 지구의 나이가 대략 6천 년인지라

1억 년 된 지층에서 나온다는 공룡은
참으로 망측하기 짝이 없는 미물들이다.

당연히 진화의 역사를 증명하는 공룡을 비롯한 여러 화석은
다양한 논리로 진화론과 함께 부정되었다.

그러나 진화론을 부정하는 논리는 시대가 바뀌면서
정교해지고 그럴싸해졌다.
그중 하나가 바로 '환원 불가능한 복잡성'이다.

'환원 불가능한 복잡성'이란 생물의 어떤 기관이 복잡해서

점진적으로 누적되는 자연선택의 원리에 따른
진화 과정으로는 설명하기 힘들다는 것이다.

결론부터 말하자면 틀렸다.
생물의 기관은 미완성 상태로 보여도 저마다 맡은 기능이 있기 때문이다.

이 논리를 공룡의 깃털에 적용하면 진화의 과정을 이해하기 좋다.

현재까지 남아 있는 공룡인 새는 깃털을 주로 날기 위해 사용한다.

그럼 과거의 공룡은 하늘을 날기 위해 깃털을 발달시켜왔을까?

전혀 그렇지 않다. 진화는 어떤 목적을 갖고 나아가는 진보가 아니라는 사실을 곤충 만화에서 몇 번이고 반복한 적 있다.

찰스 다윈이 말한 자연선택에 의한 진화는
그저 생존에 유리한 형질을 갖춘 집단이 살아남아

그때그때 상황에서 생존에 유용한 형질이 누적되면서
변화가 나타난다는 것이다.

따라서 공룡의 깃털은
새의 깃털과 비교해보면 미완성일지 몰라도

충분히 생존에 유리한 수준으로 쓸모 있었을 것이다.

그럼 비행 용도가 아닌 깃털은 어떤 쓸모가 있었을까?
오늘날의 새를 통해

과거의 공룡이 어떤 식으로 깃털을 사용했는지 유추할 수 있다.

기온이 낮은 환경에서 살던 공룡에게
보온 기능이 있는 깃털은 분명히 생존에 유리한 요소로 작용했을 것이다.

그리고 다른 공룡에 비해 완전한 내온성 물질대사로 진입했다고 추측되는
마니랍토라류는 거의 다 깃털이 있었던 것으로 보이는데

이때 깃털은 체내에서 발생하는 열을 붙잡아
체온을 유지하는 데 매우 유용하게 쓰였을 것이다.

환원 불가능한 복잡성의 또 다른 예시와 반박

환원 불가능한 복잡성을 다룰 때 언제나 등장하는 주제로 '눈'이 있습니다. 생물의 눈은 카메라처럼 복잡하고 정교합니다. 환원 불가능한 복잡성을 주장하는 진영의 논리는 이렇습니다. "만약 인간의 눈을 100퍼센트라고 했을 때 인간의 눈 구실도 못하는 1퍼센트 수준의 단순한 눈에 어떤 장점이 있기에 점점 복잡하고 정교하게 발달시켰을까?" 그런데 어두운 것과 밝은 것 정도밖에 구분하지 못하는 1퍼센트의 눈은 과연 쓸모가 없을까요? 그렇지 않습니다. 명암을 구분할 줄 알면 밤낮을 가려 활동할 수 있고, 그림자의 움직임을 식별해 포식자로부터 도망갈 수도 있습니다. 완벽해 보이지 않는 기관도 저마다의 기능이 있습니다.

메이

자다가 죽은 덕분에 공룡이 자는 모습을 알려주었고, 더 나아가 체온을 보존하려는 자세 덕분에 마니랍토라 계열 공룡이 내온성이었음을 뒷받침해주었던 메이라는 공룡은 화산재로 퇴적된 암석층에서 발견되었습니다. 메이가 화산 근처에 살다가 죽었다는 뜻입니다. 그런데 학자들은 메이가 화산 폭발을 눈치채지 못하고 폼페이처럼 화산재에 뒤덮인 것은 아니고, 자다가 화산가스에 질식해서 죽었는데 나중에 화산재에 덮인 것으로 추측하고 있습니다. 메이가 발견된 8년 뒤에 또 다른 개체의 화석이 발견되었는데, 이 개체도 겨드랑이에 코를 박고 자다가 죽은 모습으로 발견되었습니다. 정말이지 공룡계의 잠자는 숲속의 공주입니다.

과거의 공룡 화석

과거에 공룡의 존재가 알려지지 않았을 때 우리나라를 포함한 동아시아권에서는 공룡 화석을 용의 뼈로 알고 한약재로 사용했습니다. 서양권에서는 공룡이 드래곤의 원형이 되었다는 주장도 있습니다. 사실 동양권이나 서양권에서는 공룡 화석이나 다른 포유류를 포함한 척추동물 화석을 별도로 구분하지 않았습니다. 공룡을 포함한 웬만한 척추동물의 화석은 용의 뼈라고 불렀죠. 메갈로사우루스를 포함한 몇몇 뼛조각은 거인의 뼈라고 믿었는데, 공룡은 아니지만 코끼리 화석도 종종 거인의 화석으로 불리곤 했습니다. 특히 코끼리 두개골은 눈구멍이 애매한 대신 중앙의 콧구멍이 하나 커다랗게 뚫려 있는데, 이것을 보고 외눈박이 거인인 사이클롭스를 상상해냈을지 모른다는 주장도 있습니다.

기독교 문화권에서는 공룡이 에덴동산에 살았던 짐승 가운데 하나인데 노아의 방주를 타지 못한 채 멸종한 생물이라고 믿기도 했습니다. 혹은 성경에 나온 레비아탄의 정체라고 하거나, 신이 창조하는 과정에서 연습용으로 빚고서 미처 생명을 불어넣지 않은 작품이라고 하는 식이었죠.

중앙아시아에서 흔히 발견되는 프로토케라톱스가 그리폰의 원형이 되었을지도 모른다는 주장도 있습니다. 중앙아시아 사람들이 독수리 부리를 지닌 네발짐승인 프로토케라톱스 화석을 보고서 상반신은 독수리고 하반신은 사자인 그리폰을 상상해냈다는 주장입니다.

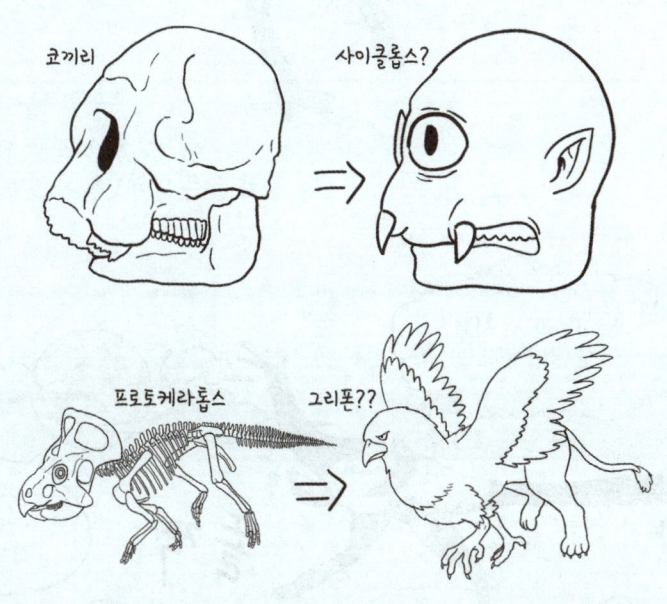

2012년, '오르니토미무스'라는 타조공룡에게서 깃털의 흔적이 발견된다.

이 타조공룡의 앞다리에서 발견된 깃털의 흔적은
새와 같은 날개깃 흔적이었다.

분명히 날지도 못했을
이 거대한 타조공룡은
왜 새와 같은 날개깃을 가졌던 것일까?

12화
깃털의 기능

오늘날의 새를 보면 날개를 활짝 펴서 이리저리 흔들며 구애하는 종이 많다.

날개깃의 흔적이 발견된 타조공룡 가운데 어린 개체에서는 이 흔적이 발견되지 않는다.

즉, 다 큰 성체에게만 필요했다는 뜻이다.

전혀 날 수 없었던 타조공룡은 아마 구애를 위해
날개깃을 지녔을 것이다.

오늘날의 수컷 타조가 날개를 펼치고 흔들며
암컷에게 구애하듯이 말이다.

또한 알을 품다가 화석이 된 공룡을 보면
알을 손으로 덮고 있음을 알 수 있는데

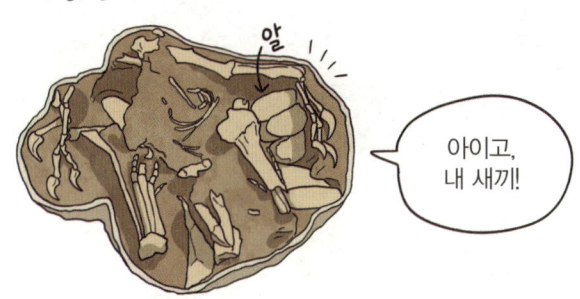

알을 품었다는 것은 체내에서 발생하는 체온이 있었다는 뜻이고
체온을 유지하려면 분명히 깃털이 있었을 것이다.

즉, 팔에 난 깃털로 알을 덮어 품었던 것이다.

그 밖에도 공룡의 깃털 달린 작은 날개는
질주할 때 균형을 잡거나 방향을 바꿀 때 요긴하게 사용되었을 것이며

나무 같은 오르막길을 오를 때 유용하게 사용되었을 수도 있다.

미크로랍토르라는 육식공룡은 오늘날의 새와는 다르게
다리에도 날개 뺨치는 깃털이 달려 있었다.

이런 다리 구조 때문에 땅 위가 아닌 나무 위에서 생활하며,
4개의 날개로 활공하며 나무 위를 이리저리 옮겨 다녔을 것이다.

오늘날의 새는 깃털을 더욱 다양한 용도로 사용한다.

깃털로 발을 뒤덮어 사냥할 때 발을 보호하며 깃털을 먹어 내장을 보호하기도 하고 먹이를 사냥할 때 그늘을 만들어 유인하는 데 사용하기도 한다.

이처럼 다양한 기능을 수행할 수 있기에
체온 유지, 과시, 알 품기 등의 여러 가지 이유로
깃털을 발달시켰는데

그중에서 깃털을 비행에 써먹은 육식공룡이
오늘날의 새가 된 것이다.

할아버지는 이렇게 말씀하셨지.

못 나는 날개라도 언젠가 쓸모가 있을 거라고 말이야!

즉 비행용 깃털은 복잡해 보이지만 점진적으로 누적되어
진화해오기 충분할 만큼 다른 기능이 많은 기관인 것이다.

따라서 깃털은 훌륭한 진화의 증거다.

여담으로 깃털공룡 이야기에서 빠뜨릴 수 없는 주제가 있다.
과연 티라노사우루스는 깃털이 있었을까?

지금까지 발견된 티라노사우루스의 피부 화석에서는
깃털의 흔적을 찾을 수 없다.

그리고 티라노사우루스는 거대한 생물이기 때문에
깃털이 있었다면 열이 발산되지 못해 쪄 죽었을 것이다.

그래도 아마 어린 티라노사우루스는 깃털이 있었고
다 자라면서 드문드문 빠졌을 것이다.

호박 속의 공룡 다리

나무의 수액이 굳어 만들어진 호박 화석에서 9천900만 년 전 공룡의 다리가 보존되어 발견된 적이 있습니다. 작은 공룡의 다리였는데, 깃털이 발가락까지 덮여 있었습니다. 오늘날 부엉이가 그렇습니다. 날카로운 발톱으로 사냥을 하기 때문에 사냥감의 공격으로부터 다리를 보호하려고 발가락 끝까지 깃털로 덮여 있죠. 호박 속의 공룡도 비슷한 이유로 발가락까지 깃털로 덮여 있었을 겁니다. 물론 오늘날의 새 가운데 발바닥이 깃털 대신 비늘로 이루어진 종도 매우 많기 때문에 다른 공룡은 어땠을지 모르는 일입니다.

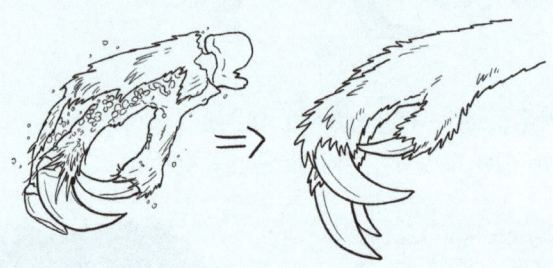

공룡 알의 부화 기간

공룡이 어느 정도 새끼를 육아했다는 사실과, 몇몇 깃털공룡이 알을 품었다는 사실은 오래전부터 알려져왔지만 공룡 알이 부화하는 데 며칠이 걸리는지는 얼마 전까지만 해도 알 수 없었습니다. 그러다 최근 공룡의 태아 화석에 있는 이빨을 컴퓨터단층촬영(CT)과 고해상도 현미경을 통해 살펴보았고, 그 결과 하루에 한 줄씩 추가되는 성장선이 있음이 밝혀졌습니다. 부화 기간은 공룡마다 달랐습니다. 뿔 공룡에 속하는 프로토케라톱스는 83일, 오리주둥이 공룡에 속하는 히파크로사우루스는 171일이었죠. 새롭게 밝혀진 공룡 알의 부화 기간은 이전의 추정치보다 훨씬 길고, 조류보다는 파충류에 가까운 수치입니다.

비막을 가진 공룡

공룡 중에는 오늘날의 새처럼 깃털을 이용해 비행한 공룡뿐 아니라 박쥐처럼 비막을 이용해 하늘을 난 공룡이 존재했습니다. 10화의 꼭지 일러스트에 등장한 '이'라는 공룡이 바로 그런 공룡입니다. '이'는 박쥐처럼 비막을 지녔으며 제대로 된 비행을 했는지는 모르지만 적어도 활강은 가능했던 것으로 보입니다. 이후 이런 비막을 지닌 공룡은 백악기가 되면서 완전히 사라집니다. 그런데 이 발견이 의미 있는 이유는 뭘까요? 진화의 다양한 가능성을 보여주기 때문입니다. 공룡 가운데 독립적으로 비행을 시도한 계통이 존재했고, 비막 같은 기관이 비행 기능을 띠도록 진화했다는 사실 등 말이죠. 만화를 그리는 도중 '이'와 같은 스칸소리옵테릭스과에 속하는 신종 공룡 암보프테릭스 롱기브라키움(Ambopteryx longibrachium)이 보고되었는데, 이 공룡에서도 비막이 발견되었습니다.

수천만 년 전에 공룡이 어떤 색을 띠었는지 알기는 매우 어렵다.

쉽게 썩어버리는 공룡의 연조직이 운 좋게 화석으로 보존되었다고 하더라도 색소는 이미 사라진 상태이기 때문이다.

그런데 최근에 와서는 공룡의 색이 어땠는지 알 수 있게 되었다.

13화
과거의 색

스티라코사우루스
스티라코사우루스의 색은
밝혀지지 않아 알 수 없다.
그러나 저 화려한 프릴과 뿔장식은
아름답게 뽐내기 위한 색으로 꾸며졌을 것이다.

주사전자현미경(SEM)은 전자빔을 쏘아 관찰하려는 대상의 표면을 나노미터 수준으로 세밀하게 살필 수 있다.

이 주사전자현미경을 통해 공룡의 깃털을 확대하면

멜라노솜이라는 색소세포가 보존된 경우를 발견할 수 있다!

화석에 보존된 멜라노솜을 새의 멜라노솜 형태와 비교해
과거에 어떤 색을 띠었는지 알 수 있는 것이다.

그래서 과학자들은 구간을 나눠 깃털 하나하나에서
멜라노솜을 찾아가는 노가다를 반복했고

이를 통해 공룡의 색을 밝혀낼 수 있었다.

가장 먼저 색이 밝혀진 안키오르니스는 전체적으로 검지만
머리 부근엔 빨간 깃털이, 날개 부근엔 하얀 깃털이 있었다.

시노사우롭테릭스는
갈색 줄무늬가 있었으며

미크로랍토르는 까치나 까마귀처럼
검지만 푸른빛을 띠었다.

카이홍 주지라는 공룡은 전체적으로 검은색이지만
얼굴에서 목 부근은 벌새처럼 바라보는 각도에 따라
색이 다르게 보이는 무지갯빛 깃털을 지녔다.

최근에는 깃털뿐만 아니라 몇몇 피부 화석에서도
색을 유추할 수 있게 되었다.

뭣이?

원시적인 뿔공룡인 프시타코사우루스는
갈색, 검은색,
주황색이 섞였으며

일부 내장까지 남을 정도로 보존율이 뛰어난 화석으로 유명한
보레알로펠타는 갑옷 부분이 적갈색이고 배는 밝은 갈색임이 밝혀졌다.

이처럼 이젠
일부 공룡의 색을 알 수 있게 되었다.

그리고 서로 큰 차이를 보이지 않는다는 점에서,
색이 밝혀지지 않은 과거의 동물을 복원할 때
오늘날의 동물에서 색을 따온다.

특히 색이 밝혀진 공룡 가운데 하나인
안키오르니스를 보면 오늘날의 크낙새와 유사함을 알 수 있다.

안키오르니스의 붉은 뺨과 머리깃은 어떤 용도였을까?

오늘날의 새가 그렇듯이,
분명히 이성에게 뽐내기 위한 용도였을 것이다.

바다로 떠내려온 보레알로펠타

어마어마한 보존율을 자랑하는 보레알로펠타의 화석은 과거 바다였던 지층에서 발견되었습니다. 해안가에 죽어서 파도에 떠밀려와 시체가 부패하기 전에 빠르게 퇴적된 것으로 추정됩니다. 보레알로펠타와 가까운 계통의 파파사우루스도 비슷한 이유로 바다였던 지층에서 발견되는데, 어쩌면 이 계통의 공룡이 해안가 근처에서 서식했을지도 모릅니다.

보레알로펠타는 골판 위를 덮는 케라틴까지 보존된 상태로 발견되었습니다. 고생물학자들은 갑옷공룡의 골판은 뼈 위쪽이 케라틴으로 구성된 연조직으로 덮여 있었을 거라고 추정했는데, 케라틴은 화석화 과정에서 보존되지 못하고 사라져서 골판 뼈를 덮는 케라틴의 두께와 크기를 알아내기 쉽지 않았습니다. 그러나 보레알로펠타는 이 케라틴을 보존한 상태로 화석화되었고, 그 결과 많은 사실이 밝혀졌습니다. 꼬리 쪽 케라틴은 골판 뼈를 얇게 덮지만 상체 부근은 케라틴이 돌출될 정도로 두껍게 덮여 있으며, 어깨 쪽 커다란 골판은 전체 크기의 3분의 1에 해당할 만큼 케라틴이 두껍게 덮여 있었습니다. 이는 마주 보는 상대방에게 위협을 가하거나, 짝짓기 상대에게 뽐내는 용도로 앞부분이 도드라지게 커졌기 때문으로 추측됩니다. 또한 본문에서 보았듯이 보존된 연조직 덕분에 대형 공룡임에도 불구하고 색이 어땠는지 밝혀낼 수 있었습니다. 이는 전형적인 위장색인데, 아마 같은 시기에 살았던 아크로칸토사우루스 같은 대형 포식자로부터 벗어나기 위해서라고 보입니다.

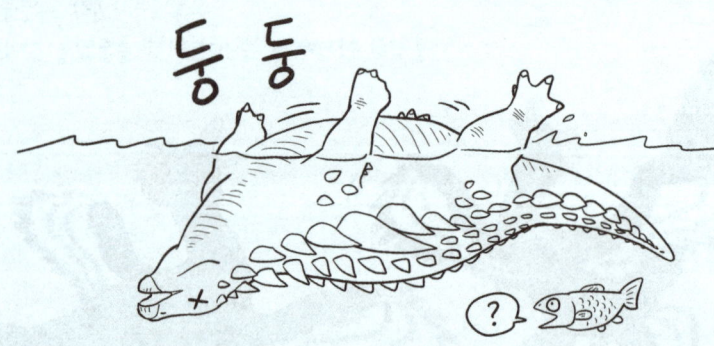

해양 파충류의 색

바다에 살았던 과거 해양 파충류의 색에 대한 연구도 이루어졌습니다. 쥐라기의 어룡, 백악기의 모사사우루스류, 신생대의 바다거북 화석에서 보존된 연조직을 관찰한 결과, 대체로 검고 어두운 색을 띠는 것으로 밝혀졌습니다. 어두운 바다색에 맞춰 쉽게 위장할 수 있고 또한 빛을 흡수하는 검은색의 특성상 체온 조절에도 효율적이기 때문으로 추측하고 있습니다.

많은 공룡 콘텐츠가 어린이용이다 보니
공룡의 짝짓기는 좀처럼 다루지 않는다.

그러나 생명의 역사에서 유성생식만큼 중요한 것도 없으며

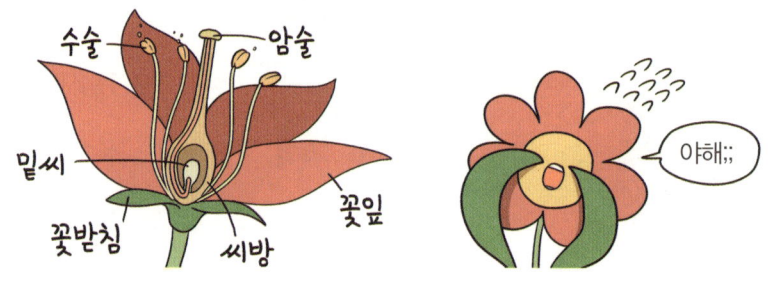

공룡 역시 어마어마한 성선택의 압박 속에서
짝짓기를 했다.

14화
공룡의 성생활
1부

짝짓기를 시도 중인
파키케팔로사우루스 한 쌍

우선 그동안 봐오던 공룡에게서 생식기가 드러나지 않은 이유는
이들의 생식기가 총배설강에 포함되어 숨겨져 있어서다.

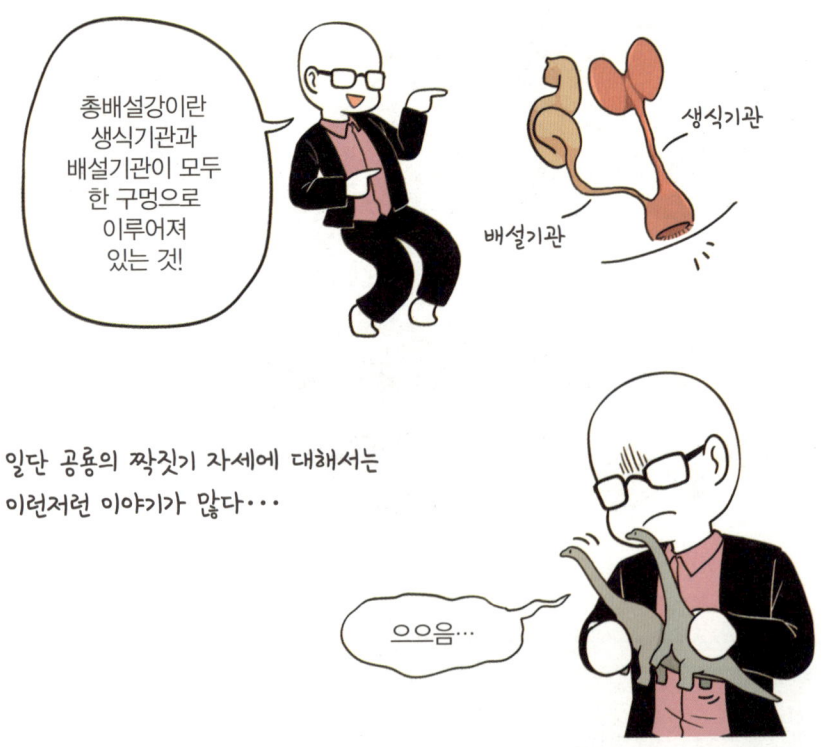

일단 공룡의 짝짓기 자세에 대해서는
이런저런 이야기가 많다···

오늘날의 조류나 파충류의 짝짓기 자세를
참고해 복원을 해보긴 하는데…

흠…
흐으음…

심오

아무리 이리저리 시도해봐도
짝짓기 자세가 잘 안 나오는
공룡이 가끔 있다.

몹시 중요한 문제다.

이런 공룡의 경우 아마 수컷이 아주 긴 생식기를 가지고 있었을지도
모른다고 추측하기도 한다.

오늘날의 오리처럼 말이다.

아니면 암컷 역시 생식기가
길게 부풀어졌을지도 모르는 일이다.

생식기 같은
연조직은 화석으로
남을 일도 없으니
뭐, 상상은 자유~

아니면 의외로 꼬리를 잘 비틀어서
평범하게 했을지도?

좌우지간 평범한 동물과 다를 바 없이 짝짓기를 했을 공룡은
'성생활'에 집중한 변태적인 동물이었음이 틀림없다.

9화의 골디락스 가설에서도 주목했듯이
공룡은 뼈로 된 기이한 장식물을 만드는 데 많은 에너지를 투자했는데

이런 기이한 장식물의 용도에 대해 매우 다양한 가설이 나와 있지만
적어도 이성을 유혹하는 기능을 했다는 시각만큼은
확실하기 때문이다.

캬, 성선택이 여기서 또!

깃털의 다른 기능도 성선택과 관련 있었죵?

세뿔돼지… 아니 트리케라톱스 같은 뿔공룡은
기이한 뿔과 프릴을 가지고 있다.

안녕하신가, 힘세고 강한 얼굴.

처음에는 이 뿔과 프릴이 육식공룡과 싸우기 위한
전투용이라고 여겨지곤 했다.

내 뿔은 창이요

프릴은 방패니라!

그러나 육식공룡과 뿔공룡이 치고받고 싸웠다는
화석 증거는 찾아보기 힘들며···

뿔공룡의 프릴은 대부분 큰 구멍이 뚫려 있고 얇은 뼈로 이루어져서
전투용으로 쓰기엔 부적합하다.

혹은 이 프릴로 체온을 조절했을 거라는 가설도 있다.

그러나 뿔공룡의 뿔과 프릴의 주된 기능이 전투나 체온 조절이었다면,
몇 가지 효과적인 형태로 일정하게 수렴되어 유지되어야 할 텐데

그러기엔 뿔공룡의 뿔과 프릴 모양이
종마다 너무 가지각색으로 다양하다.

이런 점을 보면 아마
이성에게 과시하기 위해
뿔과 프릴을 이렇게
발달시켰을 것이다.

짝짓기할 때, 뿔과 프릴의 모양을 통해 서로 같은 종인지
다른 종인지 구분했을지도 모른다.

새끼 뿔공룡은 별다른 장식 없이 비슷비슷하게 생겼다가
어느 정도 성체가 돼야 뿔과 프릴이 자라난다. 이 점이 증거가 될 수 있다.

트리케라톱스 화석의 경우,
다른 트리케라톱스의 뿔에 다친 상처가 많이 발견되었는데

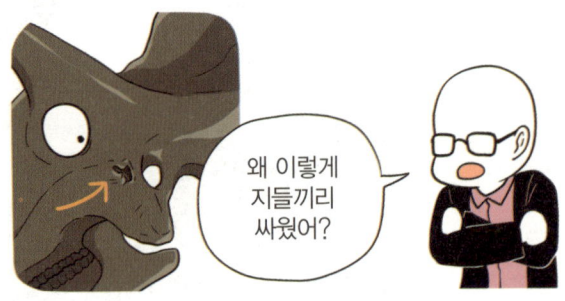

이런 증거로 보아, 뿔과 프릴로 육식공룡과 싸우지 않았을진 몰라도
적어도 같은 종의 구성원들끼리 결투를 했을 거라고 추정할 수 있다.

그리고 보통 이런 결투는 이성을 사이에 두고 이루어진다.

혹은 싸우지 않고 그저 화려함을 경쟁하는 데 사용되었거나

무리 내에서 서열을 정하는 데 사용되었을 수도 있다.

좌우지간, 뿔공룡의 뿔과 프릴이
성과 깊은 연관이 있을지도 모른다는 사실은 빼박팩-트다.

공룡의 암수 구분

골격 구조로만 공룡의 암수를 구분하는 일은 쉽지 않습니다. 몇몇 공룡의 암수 차이에 대한 연구가 꽤 나와 있지만 아직까지도 논란이 많습니다. 일단 소개해보면 다음과 같습니다. 첫 번째, 성체 갈비뼈 화석을 잘랐을 때 갈비뼈의 골조직 밀도가 낮은 개체를 암컷으로 봅니다. 산란기인 암컷이 알을 만드는 데 갈비뼈의 칼슘을 소모하기 때문입니다. 두 번째, 어떤 종이 특별히 몸집이 큰 성체와 작은 성체로 나뉠 때 큰 성체를 암컷으로 봅니다. 대다수 파충류와 조류가 그렇듯 알을 생산하는 데 많은 에너지와 공간이 필요하기 때문입니다. 세 번째, 어떤 종의 골격 형태가 두 가지로 나뉠 때, 성별에 따라 외형적 차이를 보이는 성적이형(Sexual dimorphism)의 경우로 봅니다. 악어는 암수별로 생식기 부근의 근육 형태가 다르기 때문에 골반뼈와 꼬리뼈의 혈관궁 형태가 다릅니다. 이와 같은 유형이 티라노사우루스에서도 발견되어 암수를 구분할 수 있고, 혹은 스테고사우루스의 골판, 뿔공룡의 뿔과 프릴이 성별에 따라 다르다는 연구도 있습니다. 그러나 앞서 말했듯이 모두 논란거리가 있는 가설이며 오늘날 공룡의 암수를 구분하는 명확한 방법은 없습니다. 공룡 화석이 굉장히 불완전하고 단편적으로 발견되는 까닭에 전체적인 틀을 잡기에는 부족하기 때문이죠. 예를 들어 세 번째 성적이형에 대한 주장의 경우, 암수가 다른 것이 아니라 아예 다른 종일 가능성도 있습니다. 이런 문제 탓에 뿔공룡의 경우 분류학적 연구에서 논쟁이 있기도 합니다. 새로운 뿔공룡을 발견했는데, 어쩌면 기존에 알려진 공룡의 다른 성별일지도 모르기 때문입니다.

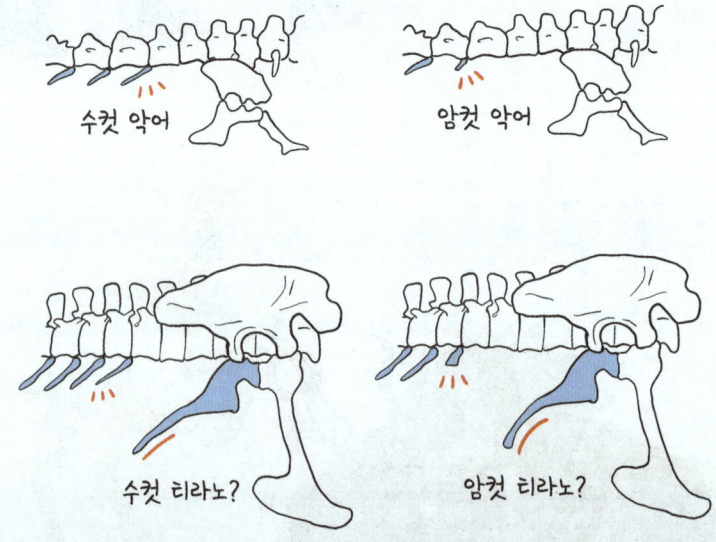

트리케라톱스의 성장에 따른 외형 변화

파충류는 성장하면서 뼈의 형태와 비율이 크게 변하지 않는 대신, 조류는 많은 변형을 겪습니다. 공룡의 경우 어린 공룡이 별도의 다른 종으로 여겨졌던 해프닝이 잦았을 정도로 성장하면서 뼈의 형태와 비율이 많이 바뀝니다. 트리케라톱스는 성장에 따른 두개골 변화가 비교적 잘 연구되어 있습니다. 새끼 트리케라톱스는 세 뿔이 모두 작은 돌기 수준에 불과합니다. 청소년기의 트리케라톱스는 눈썹 위의 뿔이 뒤로 젖혀져 위를 향하며 삼각형 뼈 돌기가 프릴을 둘러싸고 있습니다. 이후 성장하면서 커진 뿔이 점점 내려오면서 앞으로 향합니다. 프릴을 둘러싼 뼈 돌기도 더욱 커집니다. 그러다 다 크면 아래로 볼록했던 눈썹 위의 뿔은 위로 볼록한 형태를 유지하며 아래를 향하게 됩니다. 그리고 프릴을 둘러싼 뾰족뾰족한 뼈 돌기는 납작해지면서 단순한 형태로 바뀝니다.

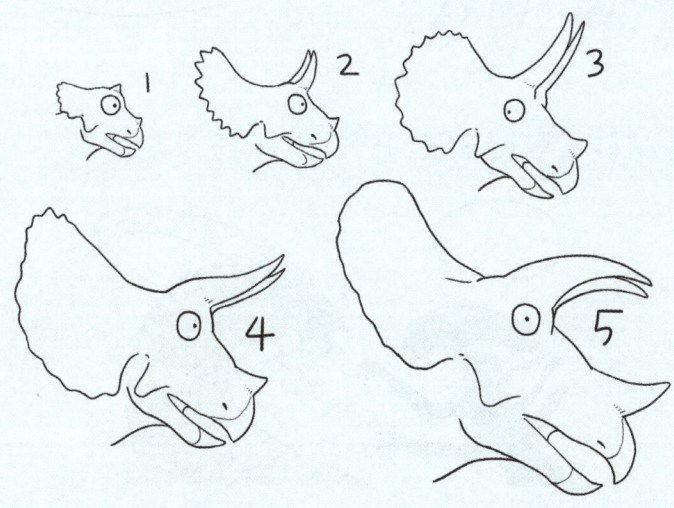

그래도 가장 공격적인 트리케라톱스

뿔공룡의 프릴이 전투용이 아니라 성적 과시용이라고 보는 시각이 우세하지만, 적어도 트리케라톱스의 뿔과 프릴은 육식공룡과 직접 싸우기 위한 용도였을 것입니다. 일반적으로 뿔공룡의 뿔은 위를 향하고 있어 고개를 들면 뿔이 크게 보이긴 하지만 전투용으로는 적합하지 않습니다. 반면에 트리케라톱스는 뿔이 아래로 굽어 있어서 찌르기에 적합한 구조입니다. 또 트리케라톱스는 프릴 전체가 두꺼운 뼈로 꽉 차 있어서 전투용으로도 적합합니다. 얇은 뼈 판에 큰 구멍이 뚫려 있어서 외부 충격에 취약한 다른 뿔공룡의 프릴과도 다르죠. 즉 트리케라톱스의 뿔과 프릴은 굉장히 공격적이었으며, 함께 공존했던 티라노사우루스도 상대하기 부담스러웠을 겁니다.

앞서 소개한 뿔공룡의 뿔과 프릴뿐만 아니라
스테고사우루스류의 골판이나

오리주둥이공룡의 골즐처럼 공룡은 다양한 뼈 구조물을 갖고 있다.

이것들의 용도에 관해서는 여러 가설이 있지만,
성과 관련해 사용되었을 것이라는 설명 역시 빠질 수 없다.

15화
공룡의 성생활
2부

크리올로포사우루스
쥐라기 전기, 남극에 살았던 수각류.
머리 위의 볏은 성적 과시용으로 추정된다.

스테고사우루스가 처음 발견되었을 때는 골판이 갑옷처럼 몸을 덮는
방어구라 생각해 이런 모습으로 복원하곤 했다.

이후 더 상태가 좋은 화석이 발견되면서
제대로 된 모습으로 복원되었지만,
문제는 골판의 용도였다.

골판의 무수한 혈관 자국을 보건대 체온 조절용으로 쓰였을 것이라는 주장도 있고

반쯤은 예능으로, 골판을 써서 하늘을 날았을 것이라는 드립을
진지하게 주장하는 사람도 있다.

논란이 많지만 암수를 구분하는 용도로 사용했을 것이라는 주장도 있다.

좌우지간 체온 조절용이든 혹은 다른 용도가 있든,
적어도 성적 과시용으로도 발달시켰을 것이다.

앞서 깃털의 다양한 기능을 살펴보았듯이

이 같은 공룡의 이상한 뼈 구조물도 특정 용도로만 쓰였을 것이라는 가설 하나만 채택할 수는 없다.

아마도 다양한 기능이 있었을 것이며, 보통 이런 구조물에 대해서 우리는 여러 개의 그럴듯한 가설에 적당히 만족하는 정도로 그쳐야 한다.

파라사우롤로푸스의 긴 골즙도 처음에는
스노클링처럼 물속에서 숨을 쉬기 위한 구조물로 여겨졌지만

골즙 끝이 막혀 있어서 그런 짓은
불가능하다는 것을 알게 되었다.

골즙이 코와 연결된 텅 빈 구조인 것으로 보아,
공기를 순환시키는 일종의 공명관 역할을 하며
무리 내 의사소통을 위한 소리를 냈을 것이라는 가설이 제시되기도 했으며

혹은 뼈 구조물 자체로 성적 과시를 하는 데 쓰였을 거라는 주장도 있다.

화석 증거를 통해 공룡이 이런 구조물로
어떻게 구애 행동을 했을지 알기는 어렵다.

오늘날 비슷한
기관을 가진 새나
파충류를 참고하는
수밖에…

그러나 증거가 아예 없는 건 아닌데,
대형 육식공룡인 아크로칸토사우루스가 오늘날의 일부 새처럼
바닥을 발로 긁으며 구애한 흔적이 발자국 화석으로 보고된 바 있다.

어찌 되었건, 공룡은 다양한 뼈 구조물과 깃털, 그리고 화석으로 남지 않은 연조직을 통해 생식에 에너지를 열심히 쏟아부었을 것이다.

목 긴 공룡의 둥지

목 긴 공룡의 경우 알이 수천 개 정도나 무더기로 발견될 때가 있습니다. 아마 몇몇 목 긴 공룡은 한곳에 모여 집단으로 산란했을 것으로 추정됩니다. 목 긴 공룡의 둥지 연구 과정에서 산란법도 어느 정도 밝혀졌는데, 뒷다리로 길게 땅을 판 뒤 알을 낳았던 것으로 보입니다.

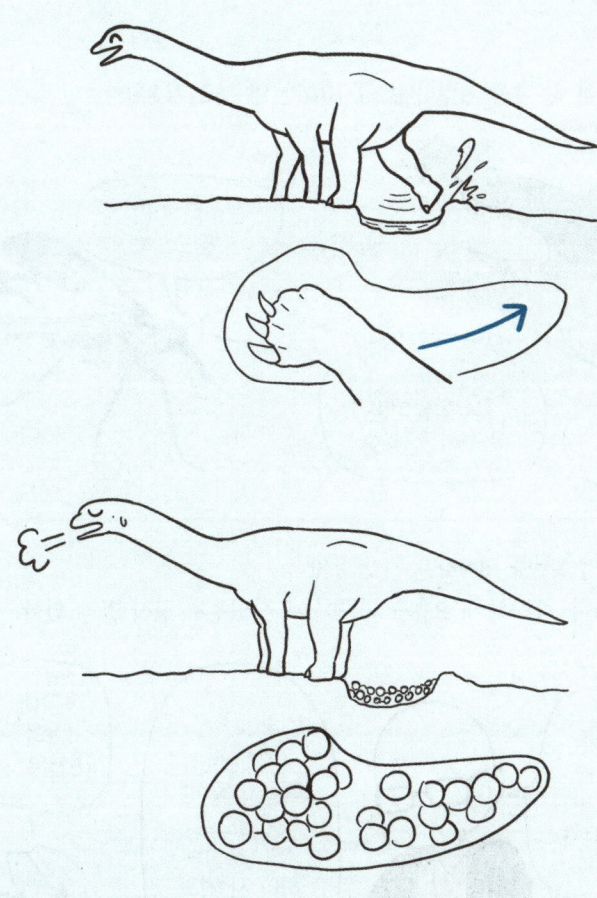

공룡이 번성한 중생대는 2억 4천500만 년 전부터 6천600만 년 전까지, 대략 1억 8천만 년 정도의 시기다.

그리고 공룡의 한 종은 지질학적으로 100만 년 정도 지속된다.

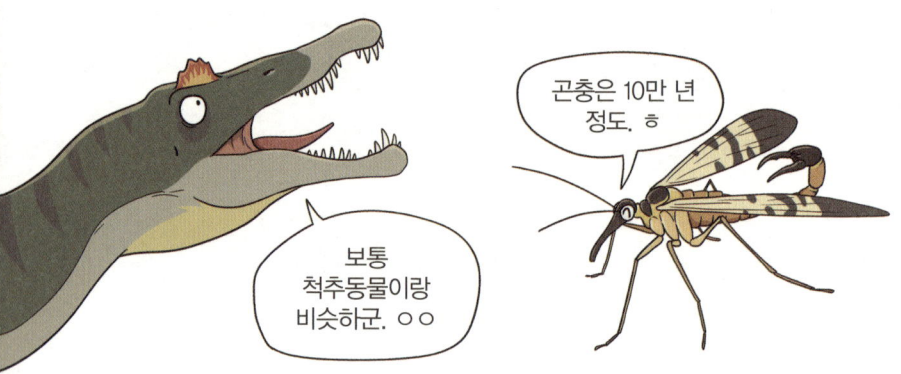

그렇다면 1억 8천만 년이라는 시간 동안 공룡이 얼마나 다양하게 모습을 바꿔가며 살았는지 짐작할 수 있다.

16화
공룡의 진화사
트라이아스기

티타노프테라를 사냥한 판파기아
트라이아스기에 살았던 원시 공룡.
길이 1.3미터의 작은 공룡이지만
거대한 용각류의 조상뻘이다.

맨틀의 대류로 인해 땅덩이가 움직인 결과
대륙이 찢어지고 붙는 현상이 일어난다.

공룡이 처음 등장했을 트라이아스기에는
대륙이 하나로 뭉쳐진 초대륙 판게아 때문에
공룡은 지리적으로 폭넓게 분포하는 경향을 보였다.

그러다 쥐라기와 백악기를 거쳐 대륙이 이리저리 찢어지자
지리적으로 점점 국소화된다.

이후 페름기 대멸종으로 고생대가 끝나고
중생대 트라이아스기가 시작된다.

트라이아스기는 오늘날보다 평균 기온이
섭씨 3도 정도, 이산화탄소농도는 대략 4.4배 정도 높다.

심지어 산소 농도도 더 적었으며
초대륙 판게아로 인해 건조한 기후가 지속된다.

대멸종 이후 허허벌판이 된 생태계에서 트라이아스기의 생물들은 정말 이상한 짓을 많이 시도하며 적응방산해나간다.

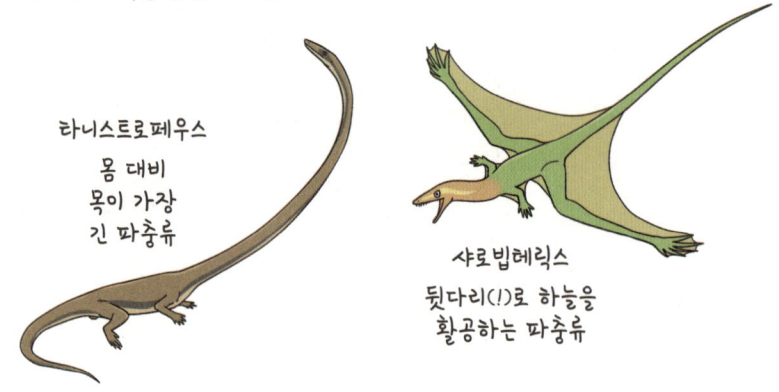

그리고 이때 기존 포자와 달리 건조한 기후에도 버틸 수 있는 '씨'라는 것을 만들어낸 겉씨식물이 대성공을 거둔다.

또한 먼 훗날 생태계를 호령할 벌도 등장한다.

그리고 지금으로부터 2억 3천300만 년 전
최초의 공룡이 오늘날의 남반구에서 등장해

5미터짜리 악어와 거대한 단궁류를 피해 다니며
앞서 소개한 곤충이나 작은 동물을 먹으며 조용히 찌그러져 지냈다.

그러나 화산 폭발을 포함해 200만 년간 곳곳에 대홍수가 발생하는 등
갑작스러운 기후 변화가 일어났다.

이때 많은 동물이 멸종하지만 아래로 곧게 내린 다리, 그리고 발달된 호흡기로 활동성이 좋았던 공룡은 운 좋게 살아남았고

멸종한 다른 생물의 빈자리를 채워가며 적응방산해나간다.

제일 먼저 성공한 공룡은 지층에서 뼈가 무더기로 나오는 코엘로피시스처럼 육식을 하는 수각류 공룡이었다.

그리고 이때 육식공룡이던 몇몇 공룡은
잡식 내지 초식을 했고

그중 일부는 당시까지만 해도
가장 거대한 생물이던 원시용각류가 된다.

앞서 소개한 수각류와 용각류는
비슷한 골반 구조 탓에
'용반류'라는 분류군에 엮이는데

초식공룡의 무리인 '조반류'라는 분류군도
트라이아스기 후기 즈음에 분기되었을 것이다.

최근 어느 젊은 공룡학자가
기존의 공룡 분류체계를 뒤엎는 계통 모델을 제시해
여러 공룡학자가 자신의 책과 논문을 쓰레기통에 던지는
퍼포먼스를 했는데

아직은 논란이 많다. 어찌 되었건 공룡의 탄생과 큰 줄기가 나눠지는 일은
트라이아스기에 이루어졌다.

그 밖에도 트라이아스기에는
공룡과 같은 조상을 공유하는 친척인 익룡이 등장해
곤충이 접수한 하늘을 날아다니고

육상 척추동물의 90퍼센트를 차지하게 된 공룡은
쥐라기로 넘어가 진짜 공룡의 시대를 맞이하게 된다.

대륙이동설

대륙이동설은 독일 기상학자 알프레트 베게너(Alfred Wegener)가 1912년에 발표한 지질학적 모델이며 오늘날 판 구조론의 시작점이 되는 이론입니다. 당시 베게너는 대륙이동설을 주장하면서 여러 지질학적 증거를 제시했는데, 가장 대표적인 근거로 아프리카, 남아메리카, 인도, 호주, 남극에 이르는 다양한 지역에서 같은 고생물 화석이 발견된다는 점을 들었습니다. 그러나 대륙이 이동할 수 있는 원동력을 제시하지 못해서 주장했을 당시에는 큰 주목을 받진 못했습니다. 이후 정설이 된 판 구조론에 의해 재평가를 받았지만, 오늘날의 판 구조론과는 조금 차이가 있습니다.

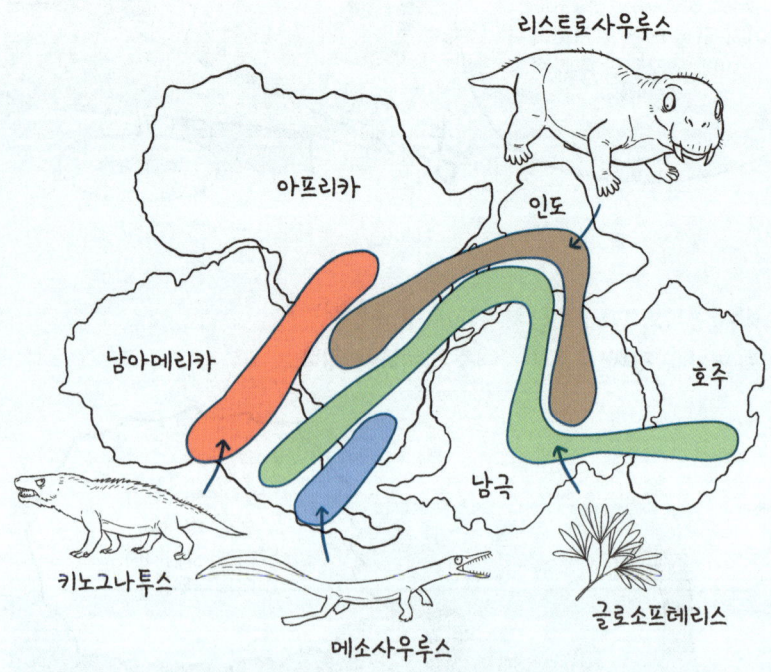

이족보행 vs 사족보행

이구아노돈이나 오리주둥이공룡 같은 조각류 공룡이 뒷다리로만 걷는 이족보행을 했는지 앞다리까지 써서 걷는 사족보행을 했는지를 두고 논란이 일었습니다. 이 논쟁의 결과는 "이족보행과 사족보행을 둘 다 했다"입니다. 즉 평상시에는 사족보행을 하다가 달릴 때는 이족보행을 한 것으로 추측합니다.

트라이아스기 거대 초식공룡의 자리를 차지하고 있었던 플라테오사우루스 같은 원시용각류를 두고도 사족보행인지 이족보행인지 논쟁이 벌어졌습니다. 과거에는 원시용각류도 앞서 설명한 조각류 공룡처럼 네 발로 무거운 몸을 지탱하며 걷다가 달릴 때는 뒤쪽 발만 사용했을 거라고 생각했습니다. 그런데 최신 연구 결과에 따르면 이와 다릅니다. 우선 앞다리가 뒷다리보다 상대적으로 약간 짧은 조각류 공룡에 비해 원시용각류의 앞다리는 뒷다리의 절반 길이밖에 안 됩니다. 또 원시용각류의 앞다리는 굉장히 튼튼하지만 몸을 지탱하기보다는 사물을 강하게 움켜쥐는 데 적합한 구조였습니다. 무엇보다 팔의 가동 범위가 매우 제한적이었고 무게 중심도 뒷다리 골반 쪽으로 맞추어져 있었습니다. 이런 특징을 바탕으로 원시용각류가 뒷다리로만 걷는 이족보행을 했다고 유추할 수 있습니다. 그러나 같은 원시용각류에 속하는 마소스폰딜루스의 새끼는 사족보행에 적합한 구조라서, 새끼 때는 사족보행을 하다가 어느 정도 자라면 이족보행을 했을 것으로 보입니다.

트라이아스기가 공룡의 탄생과 함께 큰 줄기가 나누어지는 시기였다면

귀여운 땅강아지

쥐라기는 본격적으로 공룡의 다양성이 폭발하는 시기다.

이때 초대륙 판게아가 두 대륙으로 나뉘면서 공룡의 생태계와 진화사는 큰 변화를 맞이한다.

최근 게 더 밑에 있네? 지층 역전인가 보군. ㅎ

고고고고고고

끄아아아아ㅇ아ㅏㅇ아악 악!!!!!!

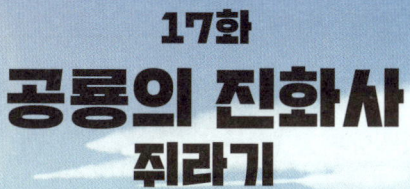

17화
공룡의 진화사
쥐라기

진흙 목욕을 하고 있는 디플로도쿠스 무리
디플로도쿠스 같은 거대한 용각류는
체온을 식히기 위해 오늘날의 코끼리처럼
진흙 목욕을 하는 습성을 가졌을지도 모를 일이다.

쥐라기는 2억 년 전부터 1억 4천500만 년 전까지, 대략 5천500만 년 정도의 시기다.

트라이아스기와 마찬가지로 오늘날보다 평균 기온과 이산화탄소 농도가 높았으며, 이때는 산소 농도도 더 높았다. 이는 백악기에 가서도 마찬가지다.

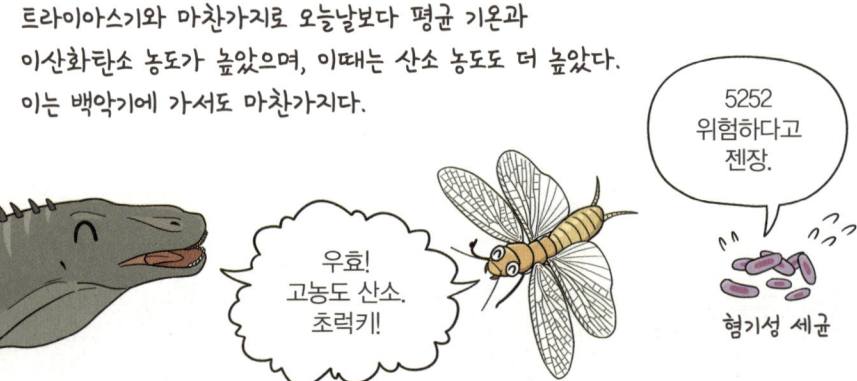

트라이아스기에 대륙이 하나로 합쳐진 판게아는 워낙 넓어서 비 구름이 대륙 내부로까지 도달하지 못하여 극심한 기후 변화에 시달려야 했는데

판게아가 쪼개지면서 내륙까지 도달하지 못하던 비와 구름이
대륙 내부로도 이동했고 전체적으로 안정적이며 온난 다습한 기후가 형성되었다.

쥐라기 전기에는 머리에 장식을 단 몇몇 육식공룡이 눈에 띄며…

트라이아스기에 번성한 원시용각류도 쥐라기 전기까지는 살아 있었다.

또한 우리가 알고 있는 목 긴 공룡인 용각류의 초기 형태도 몇몇 등장했고

많은 초식공룡의 조상뻘쯤 되는 공룡이 등장하기 시작한다.

이때 파충류 주제에 송곳니를 가진 초식공룡 '헤테로돈토사우루스'가 잠시 등장하기도 한다.

꽤나 중요한 점은 쥐라기 전기와 중기 사이에
수많은 공룡의 분기가 폭발적으로 이루어진다는 것이다.

우리에게 익숙한 쥐라기의 모습은 쥐라기 후기부터인데,
질긴 식물을 소화해내려는 목적에서
용각류 공룡의 크기가 거대해지면서 번성하고

등에 돛을 달고 있는 검룡류 공룡도
크기가 거대해지면서 번성한다.

또 이들을 잡아먹는 수각류 공룡도 덩달아 크기가 커지며 번성한다.

그리고 티라노사우루스의 조상뻘쯤 되는 구안룡이 오늘날의 중국에 나타나기도 한다.

하지만 쥐라기 후기에서 가장 중요한 사건은 수각류 공룡의 일부가 깃털을 이용해 하늘을 날기 시작했다는 것이며

이들은 오늘날의 새가 되어 살아가고 있다.

그 당시 하늘을 날던 수각류 공룡은 꼬리가 길고 이빨이 있는 등 오늘날의 새와는 약간의 차이가 있다.

한편 이 시기에 사람의 조상이 될 포유류는 손가락만 한 조그만 크기였으며 조용히 숨어 지냈다.

이렇게 용각류나 검룡류 공룡이 쥐라기에 번성하는 동안
다른 초식공룡은 크게 눈에 띄지 않는데···

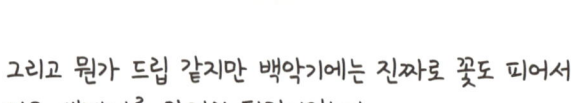

이들의 시대는 백악기가 되면 꽃을 피운다.

그리고 뭔가 드립 같지만 백악기에는 진짜로 꽃도 피어서
지구 생태계를 완전히 뒤집어엎는다.

헤테로돈토사우루스의 송곳니가 특별한 이유

초기 파충류와 포유류의 공통 조상인 양막동물 시절, 눈 뒤에 구멍 두 개를 뚫어 턱 근육을 부착한 이궁류는 파충류로, 구멍 한 개를 뚫어 턱 근육을 부착한 단궁류는 포유류로 진화했습니다. 이때 턱 근육이 두 구멍에 고정된 이궁류에 비해 한 구멍에 고정된 단궁류는 턱의 움직임이 비교적 유연하고 자유로워서 앞니, 송곳니, 어금니 등 다양한 기능을 하는 분업화된 이빨을 발달시킬 수 있었습니다. 반면에 턱의 움직임이 단순했던 이궁류는 이빨 종류가 한 가지 정도로 국한되어 있습니다. 이궁류인데도 송곳니를 지니고 있는 헤테로돈토사우루스는 정말 특별한 케이스입니다.

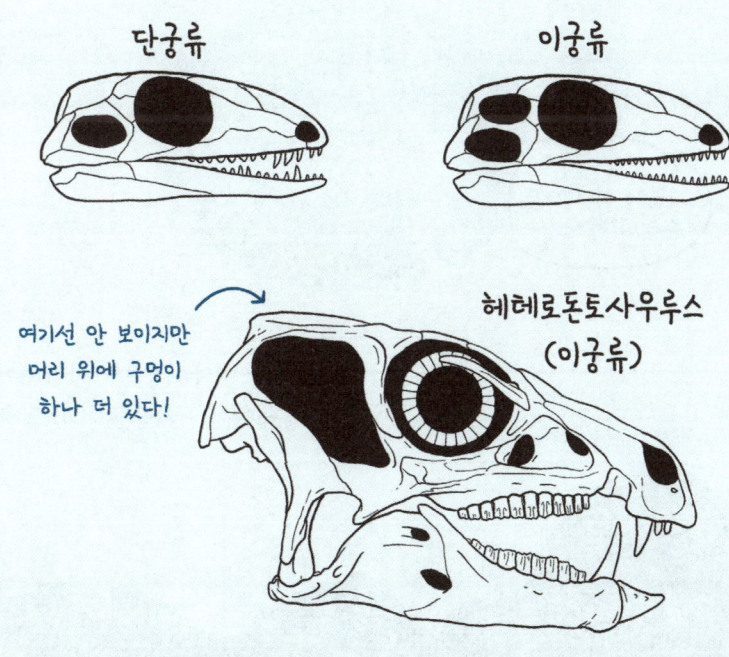

백악기에는 갈라졌던 대륙이 더욱더 잘게 쪼개지며

이에 따라 공룡 역시 지리적으로 세분화되어 진화했다.

오~ 지리적 격리 개꿀. 종분화 가즈아~

그리고 대다수 공룡이 사라져버리는 중생대의 마지막 시기이기도 하다.

백악기는 1억 4천500만 년 전부터 6천600만 년 전까지, 대략 6천900만 년 정도의 시기다.

남반구 북반구 가릴 것 없이 쥐라기에 잘나가던 검룡류와 용각류가 쥐라기를 끝으로 많이 멸종하지만…

검룡류의 극히 일부가 살아남아 백악기 전기의 중국에서 생존하긴 했다.

그리고 검룡류와 사촌지간인 곡룡류가 자리를 대신해
백악기가 끝날 때까지 번성한다.

용각류 가운데 일부도 백악기 때 살아남아 전 지구적으로 다시 번성하며
특히 남반구에서 제2의 전성기를 맞이하기도 한다.

이때 번성하던 용각류가 육상동물 중 최대 사이즈를 찍기도 한다.

쥐라기 때부터 조용히 지내오던 초식공룡인 조각류도
백악기부터 위세를 떨치기 시작했는데

정교한 이빨과 특화된 부리로 식물을 씹어 먹으며
전 지구적으로 번성하게 된다.

그중 몇몇 조각류는 용각류와 맞먹을 수준의 거대한 몸집으로 진화해
용각류의 생태적 지위를 차지하기도 했다.

수각류의 진화사도 이 같은 시대 변화의 흐름에서
예외가 아니었다.

쥐라기에는 그렇게 잘나가던 알로사우루스류가 백악기에는 싹 멸종하고

스피노사우루스나 기가노토사우루스처럼
길이만으로는 티라노사우루스보다 큰 수각류도 등장해
포식자로서 자리매김한다.

대체로 북반구에서는 티라노사우루스를 포함한
코일루로사우루스류의 수각류가 다양하게 번성했으며

남반구에서는 주로
케라토사우루스류의 수각류가
지배적이었다.

혹시나 오해할까 봐 설명해주지!
대체로 그런 경향이라는 의미이며
그림에 보이는 종과 대륙 형태는
대표적인 걸로 그려 넣었을 뿐
동일한 시기로 맞추어진 건 아니다!

원래 육식성인 수각류 가운데
북반구의 코일루로사우루스류 일부는 초식 내지 잡식으로
식성이 변하기도 했다.

우적 우적

풀은 살찌지 않아여.

살은 내가 쪄여.

이 다양한 수각류는 백악기에 짜잔 하고 나타난 게 아니다.
대부분 쥐라기 초·중기에 이미 줄기가 갈라져 있었다.

우린 트라이아스기에 이미 ㅂㅇ함. ㅎ

| 트라이아스기 | 쥐 라 기 | 백악기 |

케라토사우루스류

테타누라류

코일루로사우루스류

시조새

쥐라기 대단해!

시조새가 이미 쥐라기라는 걸 명심해―!!

새

위의 그림은 매우 단순하게 그린 것이고
실제로는 쥐라기에 훨씬 많은 가지가 뻗어나간다.

수각류의 일부인 새도 이때부터 다양한 분류군으로 분기되며
대표적으로 오늘날의 닭이나 오리, 타조가 될 그룹이
벌써부터 나뉘게 된다.

그러나 공룡이 나눠진 대륙에 고립돼서 세분화된 것만은 아니다.

단적인 예로 동아시아와 북아메리카 사이에
육교가 있었던 것으로 추측되는데

아시아에서 기원한 뿔공룡이나 티라노사우루스류 등이
육교를 통해 북아메리카로 넘어가 번성한 것으로 알려져 있다.

이 육교를 넘나든 것으로 보이는 사울롤로푸스의 경우
북아메리카와 동아시아에서 동시에 발견되기도 한다.

그러나 백악기에 진화사적으로 가장 중요한 사건은
바로 꽃을 피우는 속씨식물의 등장이다.

속씨식물은 기존 식물과 달리 곤충과 직접 협력하는 수정방식을 통해 매우 공격적으로 번성해나갔으며

이때 함께 손잡은 파리, 벌, 딱정벌레, 나비가 크게 번성해 오늘날까지도 생태계의 주도권을 쥐게 된다.

백악기 후기에 등장한 속씨식물이 공룡의 진화사에 어떤 영향을 미쳤는지는 정확히 알 수 없지만

속씨식물이 등장한 이후 백악기 후기의 생태계는 기존과 완전히 달라졌으며

현재까지 알려진 중생대 공룡의 50퍼센트가
백악기 후기인 2천만 년간 존재했다는 점은 눈여겨볼 만한 지점이다.

그러나 이렇게 다양한 공룡이
꽃을 피운 평화로웠던 백악기는

여담으로…
속씨식물이 등장하기 이전까지는
흔히 '풀'이라고 불리는 잔디 같은 풀때기가 지상에 없었습니다.
그도 그럴 것이 풀은 '벼과'에 속하는 속씨식물이기 때문이죠.
그나마 가장 오래된 풀의 흔적은 인도에서 발견된
백악기 후기 공룡 똥 화석에서 발견되었습니다.

그래서 간혹 공룡을 묘사한 그림을 보면
잔디밭이나 길쭉길쭉한 풀을 그려놓는 경우가 있는데
백악기 후기의 인도가 아니라면 대부분 틀린 그림입니다.

스테고사우루스나 브라키오사우루스 같은
쥐라기 초식공룡은 풀때기에 입도 대본 적 없을 거고요.

그러면 그 당시에는 황량한 땅에 뭐가 심어져 있었을까 의문이 들 겁니다.
오늘날에는 이런 빈틈에 대부분 속씨식물이 자리 잡고 있기 때문에
상상하기 어렵지만, 고사리나 이끼, 쇠뜨기 등을 떠올려볼 수 있습니다.
그만큼 과거의 생태계는 달랐습니다.

마침 고사리 하니까 제가 LA에 있을 때를 이야기하지 않을 수 없군요.
제가 그때 너무도 비빔밥이 먹고 싶었는데 한인타운에서 고사리가…

한반도의 백악기

한반도에서 발견된 공룡은 전부 백악기 공룡이라 얼추 한반도의 백악기 시절 모습을 상상해볼 수 있습니다.

경기도 화성시에서는 백악기 전기 각룡류 공룡인 '코레아케라톱스'가 발견된 바 있습니다. 경남 하동군에서는 백악기 전기 목 긴 공룡이 발견되었죠. 한때는 '부경고사우루스'라는 학명이 있었지만 분류학적 위치를 규명하기에는 화석이 너무 단편적이라 학명이 사라졌습니다. 이 목 긴 공룡의 꼬리뼈에는 대형 육식공룡에게 물린 자국도 있습니다. 이를 통해 목 긴 공룡을 잡아먹는 육식공룡과 함께 살았다는 것을 알 수 있습니다.

경남 보성군에서는 백악기 후기 조각류 공룡인 '코레아노사우루스'가 공룡 알 둥지 무더기와 아스프로사우루스라는 왕도마뱀과 함께 발견되었습니다. 공룡 알의 주인이 코레아노사우루스인지는 모르지만, 적어도 공룡이 모여 집단으로 산란했다는 점, 코레아노사우루스와 공룡 알의 새끼가 아스프로사우루스라는 포식자에게 종종 사냥당했다는 사실을 알 수 있습니다.

경남 진주시에는 백악기 중기의 공룡 발자국 수천 개가 발견되었습니다. 세계에서 가장 많은 수의 공룡 발자국으로 기록되었으며, 세계에서 제일 작은 공룡 발자국이 있기도 합니다.

그 밖에 티라노사우루스류나 아크로칸토사우루스류로 추정되는 육식공룡의 이빨이 발견되었고, 지금도 어떤 종인지 구분하기 힘든 뼛조각이나 알껍데기 등이 종종 발견되곤 합니다.

천문학자 칼 세이건이 1980년에 제작한 다큐멘터리 〈코스모스〉 제2부는 생명의 역사를 다룬다.

그 당시의 다큐멘터리에서는 공룡의 멸종을 소개하면서 아직까지는 원인을 모르겠다며 넘어가는데…

10년 뒤, 업데이트 버전에서 머리가 하얘진 칼 세이건이 다시 등장해 공룡의 멸종에 관해 정정해준다.

'거의' 모든 공룡 종이 6천500만 년 전 멸종했습니다.

그때 커다란 운석이 지구와 충돌했습니다.

이런 거대한 재앙이 다른 시대에 다시 일어나지 않는다는 보장은 없죠.

여기서 주목할 점은 '거의'다.

…

저건…

19화
공룡의 진화사
신생대

오늘날 앨버트로스의 사체
버려진 플라스틱을 삼켜 배 속이 플라스틱으로 가득하다.

공룡의 멸종에 관해서는 여러 학설이 나와 있지만
멕시코에 있는 유카탄반도에 소행성이 충돌했다는 설이 가장 유력하다.

중생대와 신생대의 경계 지층에
운석에서나 자주 발견되는 이리듐이라는 원소가 풍부하다는 사실…

그리고 유카탄반도에서 관찰되는 지름 180킬로미터의
크레이터가 근거다.

이 사건을 K-Pg 대멸종이라고 부르며
이때 수많은 공룡과 거대 파충류가 멸종하지만…

새라고 불리는 일부 수각류 공룡이 살아남아
신생대에서 제2의 전성기를 맞이한다.

신생대는 K-Pg 대멸종이 일어난
6천600만 년 전부터
오늘날까지를 의미한다.

신생대 초반에는
포유류가 공룡의 빈자리를 바로 메꾸진 못하고

수각류 공룡이 그 자리를 대신한다.

아메리카의 경우 6천2백만 년부터 2백만 년 전까지
오랜 기간 공포새라는 거대한 새가 최상위 포식자로 군림했으며

공포새가 등장한 비슷한 시기에 뉴질랜드에서
거대 파충류가 사라진 바다를 공략하는 펭귄의 줄기가 갈라져 나온다.

거대한 익룡이 사라지고 새만 남은 하늘은
말할 것도 없다.

마이오세 후기에 살았던
아르겐타비스

공포새와 비슷하지만 실제로는 오늘날 오리와 좀더 가까운
가스트로니스라는 거대한 초식성 새가 북반구에 나타나기도 했다.

오늘날의 새는 남극을 포함한 전 대륙에서 번성하고 있으며

하늘, 밀림, 초원, 사막 등의 생태계와 기후를 가릴 것 없이 지구 곳곳에서 살아가고 있다.

흔히 신생대는 포유류의 시대라고 하지만 사실은 제2의 공룡시대인 것이다.

그도 그럴 것이
오늘날 종의 다양성은
포유류보다 조류가
그배나 더 많기까지 하다.

따라서 공룡의 종수는 중생대의 600종과 오늘날의 1만 종을 합친
1만 600여 종 정도며

가장 큰 공룡은 티타노사우루스류,
가장 작은 공룡은 벌새다.

그러나 오늘날 많은 조류가 인간에 의해 빠른 속도로 멸종하고 있다.

도도새
1681년 멸종

큰바다쇠오리
1844년 멸종

여행비둘기
1914년 멸종

검정바다멧참새
1990년 멸종

이런 대량 멸종사태를 지구 역사상 6번째 대멸종으로 지정하고
오늘날의 지층을 '인류세'라는 별도의 지질시대로 규정하자는 논의도 있다.

재밌는 이야기 하나!
인류세의 표준 화석으로 현재 지구 표면에서 가장 많이 발견되는 골격인
'닭'의 뼈를 지정하자는 이야기도 있는데

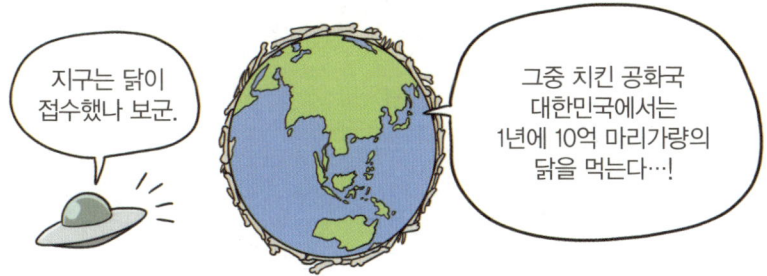

이렇게 된다면
중생대와 신생대를 대표하는 생물이 모두 공룡이라는 소리다.

가장 커다란 공룡은?

앞서 말했듯이 가장 작은 공룡은 벌새입니다. 그렇다면 가장 거대한 공룡은 무엇이고 또 얼마나 클까요? 가장 거대한 공룡 리스트에 오르내리는 공룡은 죄다 목 긴 공룡입니다. 그러나 아쉽게도 이들 공룡은 전신이 아니라 일부분만 남아 있는 화석을 통해 계산해냈기 때문에 추정치에 불과하고 확실한 크기는 아닙니다.

그중 '사우로포세이돈'은 목뼈 네다섯 개 정도만 발견되었지만 기존 분류군의 비율을 그대로 가져와 추정해보면 34미터 정도가 될 거라고 예상합니다. '아르겐티노사우루스'는 등뼈와 다리뼈 일부만 발견되었는데 이를 통해 크기를 추정해보면 26~34미터 정도로 예상합니다. 과거 '세이스모사우루스'라고도 불렸지만 최근에는 디플로도쿠스속에 통합되면서 '디플로도쿠스 할로룸'이라고 불리는 공룡은 과거 52미터라고 추정되었는데 최근에는 35~40미터로 바뀌었습니다. 1877년에는 무려 1.5미터나 되는 암피코일리아스의 거대한 등뼈 조각이 발견되었습니다. 만약 그게 실재한다면 거대 공룡의 끝판왕이라고 할 수 있지만 그마저도 유실되어 실존을 의심받고 있습니다. 일단 당시 남겨진 스케치와 수치로 계산하면 40~60미터 혹은 80~100미터 이상의 거대한 공룡이었을 것으로 추정됩니다. 여담으로 디플로도쿠스 할로룸을 발견한 사람은 공룡학자가 아닌 곤충학자였습니다. 곤충학자 만세!

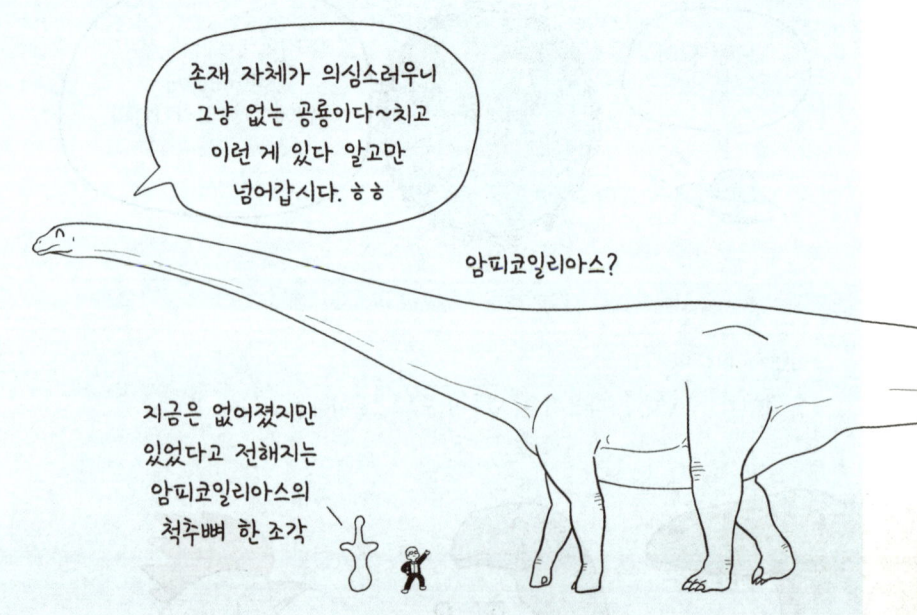

가스트로니스의 식성

공룡의 식성은 이빨 형태로 파악할 수 있습니다. 이빨 대신 부리를 선택한 조류 역시 식성에 따라 부리 형태가 다르기 때문에 부리를 보고 식성을 유추할 수 있습니다. 애초에 찰스 다윈이 진화론에 대한 아이디어를 얻은 것이 식성에 따라 다른 핀치새의 부리 모양이었으니까요. 그러나 종종 추측이 빗나갈 때가 있는데, 가스트로니스가 그랬습니다. 가스트로니스의 두개골 길이는 50센티미터가 넘는 데다 부리가 굉장히 크고 두꺼우며 목뼈가 튼튼해 엄청나게 강한 힘으로 쪼는 육식성 조류로 인식되었습니다. 그래서 한때는 공포새와 함께 과거 신생대의 거대한 새 포식자로 이름을 날렸죠. 그러나 2013년, 가스트로니스의 뼈 화석에서 칼슘 함량을 조사한 결과 이 공룡이 초식동물이라는 사실이 밝혀졌습니다. 육식동물에 비해 초식동물은 칼슘을 섭취할 기회가 적어서 칼슘 함량이 낮은데, 가스트로니스의 뼈 화석에서 관찰되는 칼슘 함량은 초식동물의 수준이었던 겁니다. 아마 그 거대하고 두꺼운 부리로 식물을 와작와작 씹어 먹었나 봅니다. 어쨌든 그 덕분에 우리는 멋지고 거대한 육식공룡 하나를 잃었습니다.

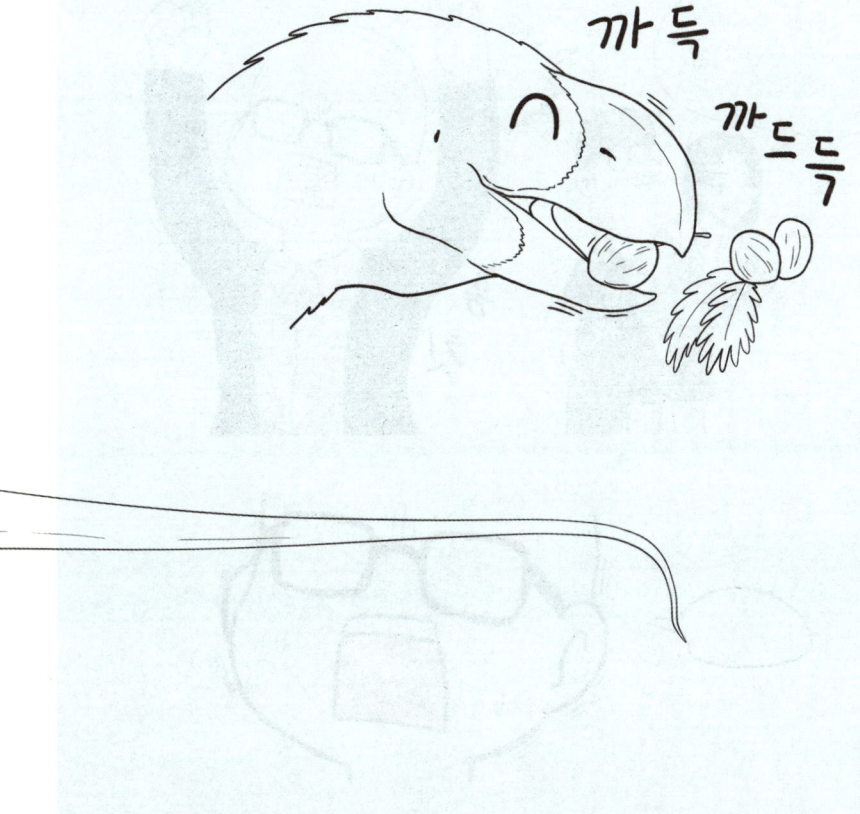

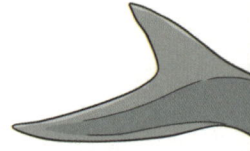

20화
공룡이란 무엇인가

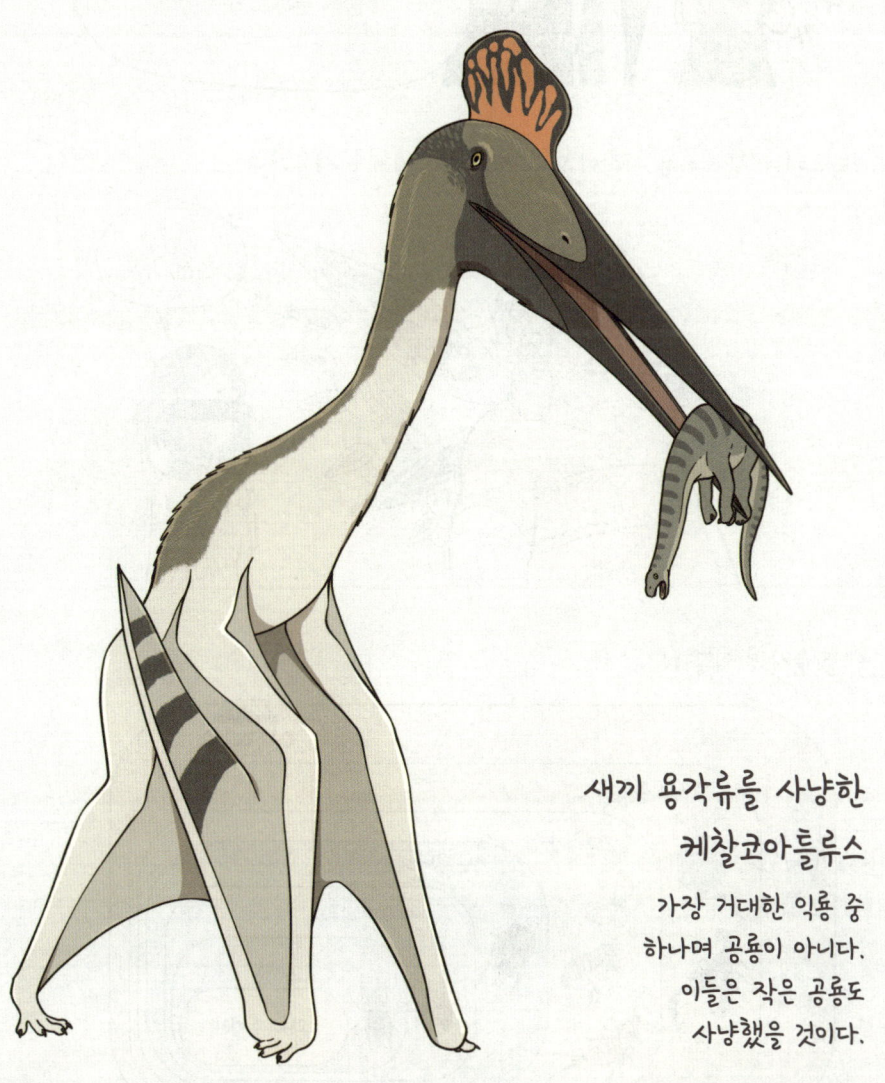

새끼 용각류를 사냥한
케찰코아틀루스
가장 거대한 익룡 중
하나며 공룡이 아니다.
이들은 작은 공룡도
사냥했을 것이다.

옛날 사람들은 다양한 기준으로 생물을 나누었다.

오늘날에는 '린네'라는 사람이 만든 생물 분류체계를 사용한다.

예를 들자면 이렇다.

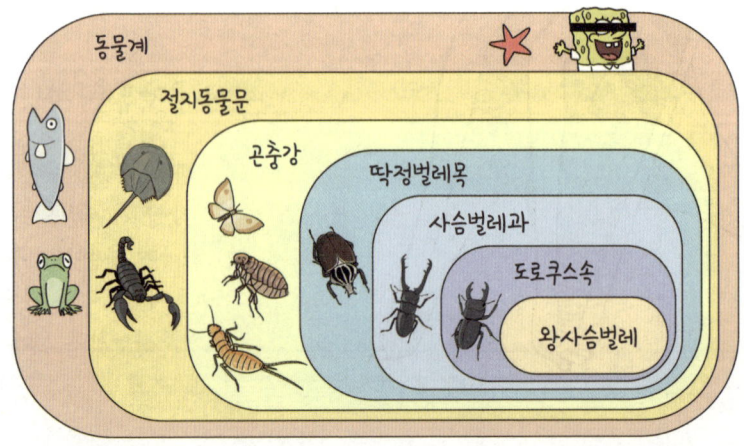

그러나 이건 언제까지나 종이 불변한다는 진화론 이전의 사고방식에서
오늘날의 생물에 적용시킨 형태라

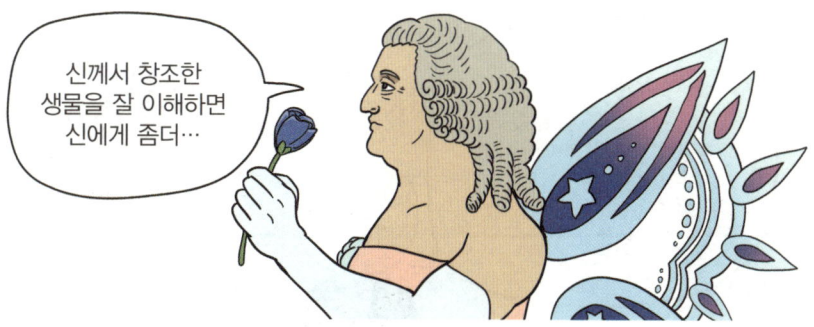

과거의 생물이나 종의 개념이 모호한 생물에게는
적용하기 애매한 감이 있다.

그래도 굳이 이 분류체계로 공룡을 따져본다면
공룡은 파충강 공룡상목에 해당하는 생물의 무리를 의미한다.

즉 공룡은 파충류다.
그러나 공룡은 다른 파충류에 비해 눈에 띄는 특징이 몇 있는데…

전안와창까지 연장된 기다란 서골이 발달했고, 넷째 앞발가락 마디 수가 3개 이하로 줄어들었고, 비골이 매우 작아지는… 등등~

가장 큰 특징은 아래로 곧게 뻗은 다리다.

오우~ 롱다리~

특히 곧게 뻗은 다리에 맞추어 골반에 구멍이 뚫려 있고 프라모델처럼 허벅지뼈가 들어간다는 유일무이한 특징이 있다.

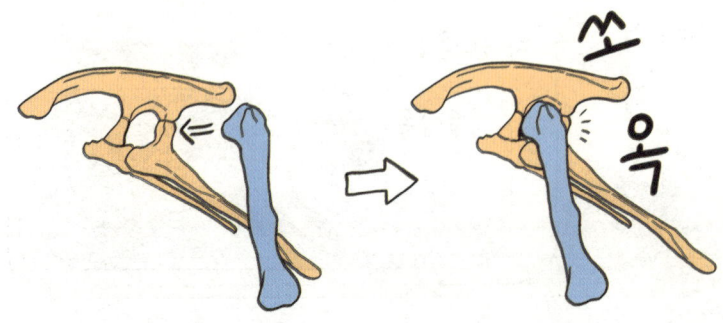

쏘옥

이 특징은 새에게서도 그대로 발견된다.

따라서 새는 공룡 그 자체다.

우리가 유인원의 후손이 아니라 유인원 그 자체이듯, 새는 공룡의 후손이 아니라 공룡 그 자체다.

앞에서 공룡은 파충류라고 했는데
그렇다면 과거의 분류법에 따라 새가 파충류에 속하게 되는
어이없는 상황이 발생한다.

여기서 파충류는 조류를 포함하는 개념이다.
그래서 이 둘을 합쳐서 '석형류'라고 부르는데

요즘 이 분야에서는 린네의 생물 분류법에서 벗어나
진화의 가지를 그려나가는 분기 분류법이 대세다.

좌우지간 이런 이유로, 바다에 살았던 모사사우루스는 골반 구멍에 다리뼈가 쏙 들어가지 않으며 계통상으로도 공룡이 아니다. 오히려 오늘날의 왕도마뱀과 가깝다.

같은 시대에 살았던 익룡, 어룡, 수장룡도 공룡이 아니다! 그냥 또 다른 파충류다.

이렇듯 중생대는 공룡뿐만 아니라 다양한 파충류가 서로 어우러져 생태계를 이루었다.

공도리

공룡이 아닌 것들

대체로 과거의 거대한 파충류가 공룡으로 오해받는 경우가 많습니다.

1. 익룡

공룡과 가까운 파충류긴 하지만 공룡은 아닙니다. 곤충 다음으로 비행을 했던 최초의 척추동물이며 최신 연구에 따르면 그간의 고정관념과 달리 의외로 잘 날았던 것으로 보입니다. 세계에서 가장 큰 익룡 발자국은 한국에 있습니다.

2. 어룡
해양생활에 적응해 완전히 독자적으로 진화된 파충류로서 공룡과는 전혀 관련이 없습니다. 수중생활에 특화되어 쥐라기 초기에 크게 번성하다가 백악기 중반에 공룡보다 일찍 멸종했습니다. 새끼를 낳다가 죽은 화석이 발견된 것으로 보아 난태생이었던 것으로 보입니다.

3. 수장룡
수장룡도 해양생활에 적응한 파충류로서 어룡이나 공룡과도 관련이 없습니다. 긴 목으로 유명하지만 목이 짧은 종도 많습니다. 수장룡의 '수'를 '물 수(水)'자로 오해하는 경우가 있는데 목이 길어서 '머리 수(首)'자를 쓴 것입니다.

4. 모사사우루스
모사사우루스는 해양생활에 적응한 파충류이며 어룡, 공룡, 수장룡과 관련이 없습니다. 앞서 말했듯이 오늘날의 왕도마뱀과 굉장히 가까우며 아예 같은 왕도마뱀상과에 묶입니다. 가끔 목이 짧은 수장룡과 헷갈리는 경우가 있는데 모사사우루스의 긴 꼬리로 쉽게 구분할 수 있습니다.

5. 디메트로돈
디메트로돈은 그냥 파충류도 아닙니다. 오늘날은 멸종한 분류군인 단궁류에 속하며 오히려 포유류와 가깝습니다. 심지어 공룡이 살았던 중생대가 아닌 고생대에 살았던 생물인데 종종 어설프게 만들어진 수상한 공룡책에는 공룡이라고 소개되곤 합니다.

트리케라톱스 한 쌍이 목을 축이러 호수로 나왔습니다.

이때 무시무시한 포식자
티라노사우루스가
이들을 지켜보고 있습니다.

한 마리는 도망에 성공했지만 다른 한 마리는 맞서 싸우는군요.

방금 전 내용은 여러 공룡 매체에서 꽤 자주 볼 수 있는 장면이다.

그러나 공룡이 늘 피에 굶주려 서로 잡아먹고 싸우던 고대의 전투 괴수는 아니었다.

물론, 피식과 포식의 순간은 진화사적으로도 중요하지만

오늘날 포식자들은 늘 피에 굶주리며 돌아다니지 않는다.
대부분 잔다.

또한 오늘날 살아 있는 공룡을 봐도
그렇게 무시무시하게 지내진 않는 듯하다.

공룡도 그랬을 것이다.

과거 중생대는
공룡 혼자 우뚝 선 생태계가 아니었다.

의외로 많은 파충류와 포유류, 양서류가 함께 어울려
서로 경쟁하며 생존했다.

익룡 시체를 두고 다투는
데이노수쿠스와 알베르토사우루스

라엘리나사우라를 사냥한
양서류 쿨라수쿠스

공룡의 알을 먹는
원시 포유류

이뿐만 아니다.
육상을 가득 덮은 식물은 1억 5천만 킬로미터 떨어진 태양으로부터 광합성을 통해 생태계의 근간이 되는 에너지를 공급하고

다양한 곤충은 포식자로서, 피식자로서, 분해자로서
동물과 식물 양쪽에 없어선 안 될 존재였다.

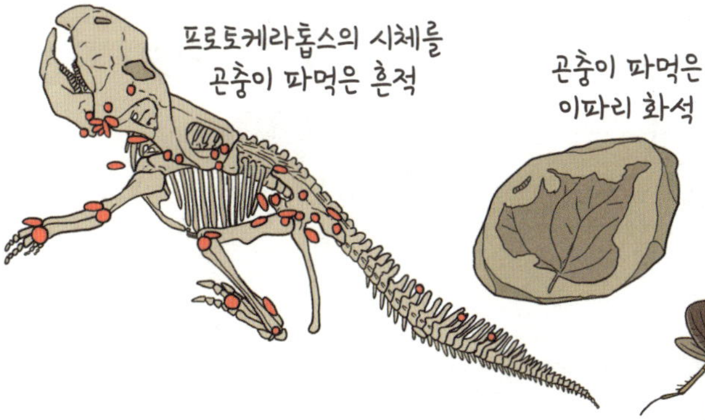

특히 석탄기 이후 지구 생명의 역사에선
수많은 식물과 곤충이 상호작용하며
육상 생태계를 주도해왔다.

…라고 곤충학자와 식물학자가 주장하곤 한다. ㅋㅋ

지구 표면에 들끓는 수많은 미생물 역시 빼놓을 수 없다.

균은 분해자로서 생태계의 물질 순환에 크게 기여하며

박테리아는 체외와 체내에서 여러 생명과 필수적인 공생관계를 맺고 있다.

오늘날의 공룡이 조류독감에 걸리듯이
중생대 공룡도 바이러스에 의한 질병에 허덕였을 수 있다.

"옛날에는 공룡 멸종의 원인으로도 제시되곤 했지. 껄껄"

"이제는… 아니야…"

앞서 본 대륙 이동과 운석 충돌 같은 지질학적 사건 또한
과거의 생태계에 시시콜콜 영향을 주며 변화시켜왔다.

"화났어?"

"화 안 났어."

이렇듯 다양한 생태계 구성원이 공룡을 둘러싸고
그물처럼 복잡한 생태계를 이루었을 것이다.

공룡은 거대한 싸움꾼이 아니라
생태계를 구성하는 동물 가운데 하나일 뿐이지만

특별하고 흥미로운 생물임은 분명하다.

미국 미취학 어린이 장래희망 3위. 티라노사우루스!!

공룡을 동경하게 된 것이다!

기상천외한 모습과 다양한 사이즈로 오랜 기간 번성하며 진화해오다가 많은 수가 사라진 것도 원인이다.

아, 이건 어디에 쓰는 물건인고? 오늘날 물건이랑 비교할 게 없네.

오늘도 우리는 새롭게 발견되는 화석과 최신 실험 기법을 통해 공룡에 대해 더욱 깊이 알아가고 있다.

뼈 화석을 잘라 뼈조직을 검사해 성장 정도와 나이 등을 알아내기도 하고

두개골을 CT촬영해 공룡의 뇌를 연구하고

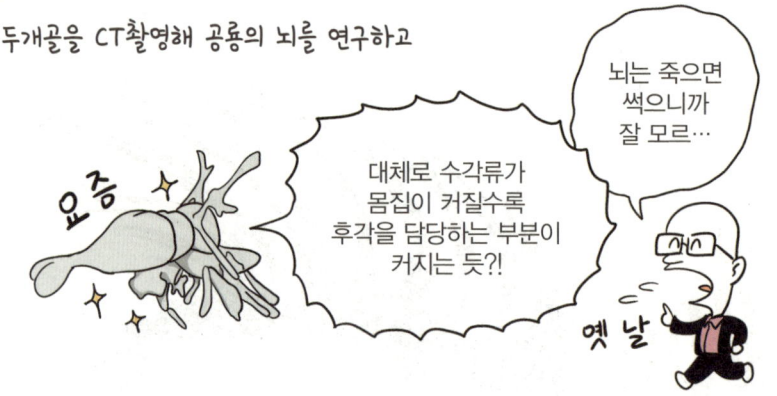

동위원소 분석으로 체온도 알아내며

주사전자현미경을 통해 공룡의 색까지 알 수 있는 시대가 되었다.

이 만화를 연재하던 도중에도 레이저 형광 유도 기법으로 화석에서 보이지 않는 부분을 관찰해 시조새의 깃털로 알려진 최초의 깃털 화석이 시조새의 것이 아님이 밝혀졌다!

이렇듯 공룡 연구의 역사를 통틀어 복원되는 공룡의 모습은 계속 바뀌어왔으며 그 과정은 지금도 현재진행형이다.

앞으로 나올 공룡 연구 역시
우리의 고정관념을 깨듯이 새로운 모습의 공룡을 계속 보여줄 것이다.

아직 우리가 만나지 못한
수많은 공룡이 땅 밑에 묻혀 있으며

여전히 우리 곁에서 함께 살아가고 있다.

공룡 계통도

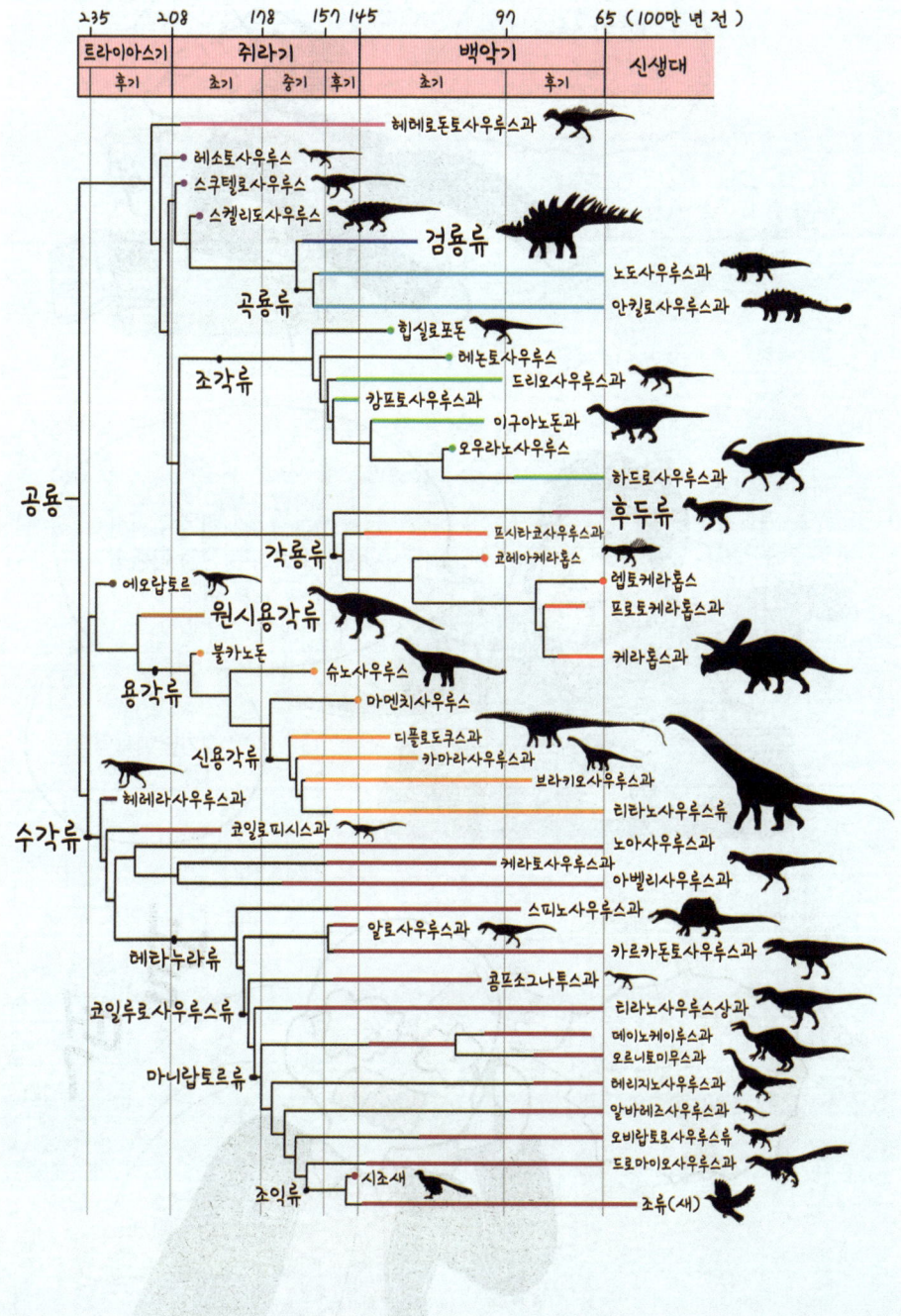

외전 1
신종 공룡 복원도 그리기

복원도로 그릴
공룡의 아래턱 화석

고생물 복원도 작업을 처음 하는 건 아니었지만…

(지질박물관에 가면 작가가 그린 4미터 길이의 고생대 초기, 중후기 바다 복원도를 볼 수 있다.)

새롭게 보고될 고생물의 복원도 작업은 처음이었다. 그것도 공룡!

사실 이번에 의뢰받은 공룡은 예전에
연구실을 방문했다가 본 녀석이었다.

보고되지 않은 새로운 공룡이라는 점이 흥미로웠기 때문에
어떻게 되든 작업하기로 했다.

몽골 네메겟 층에서 발견된 이 새로운 공룡은
앞서 언급한 꼬리뼈 모양과

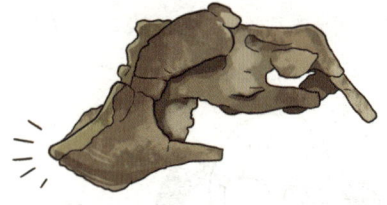

아래턱 모양을 근거로
오비랍토르류에 속하는 공룡이라는
것을 알 수 있었고

골격도는 이런 모양으로 그려진다.

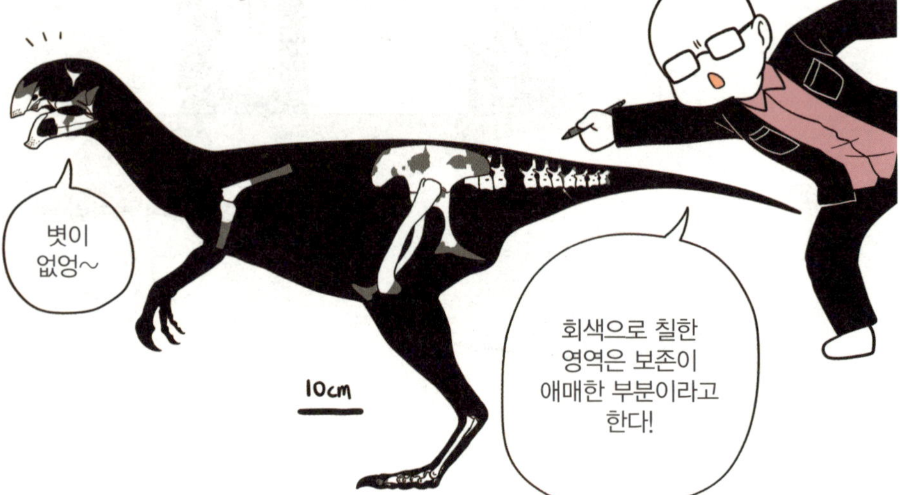

볏이 없엉~

10cm

회색으로 칠한 영역은 보존이 애매한 부분이라고 한다!

이 단계에서 눈여겨볼 점은
머리 위쪽 뼈가 발견되지 않았는데도
볏을 그리지 않은 것인데…

뼈로 된 볏은 오비랍토르류의 상징과도 같다만?

이 공룡은 한 살 정도로 추정되는 어린 개체고,
어린 오비랍토르류에게 볏이 없었다는 화석 증거가 있기 때문이다.

오늘날 뼈로 구성된 볏을 가진 화식조도
새끼 때는 볏이 없듯이 말이다.

그리고 다른 오비랍토르류 공룡 중에선
아예 볏이 없는 녀석도 있다.

결국 아직 어린 새끼라는 점,
다 커도 볏이 있을지 없을지 모른다는 점에서
볏을 그려 넣지 않았다.

그럼 뼈만 보고 새끼라는 걸 어떻게 알았을까?
연구원님 말로는 대퇴골을 얇게 잘라 뼈조직을 관찰해 알 수 있었다고 한다.

오스티온이라는 특정 뼈조직이 겹치는 부분이 거의 없다는 점,
공룡 대부분에게서 나타나는 성장선이 안 보인다는 점에서
한창 성장 중인 생후 1년짜리 어린 공룡임을 알 수 있었다고 한다.

이 공룡의 화석에서 직접적으로
깃털의 흔적이 발견되진 않았지만…

이 공룡이 속하는 오비랍토르류, 더 나아가 마니랍토라류에 속하는
공룡이 깃털이 없었을 리 없다.

더 나아가, 뼈에는 흔적이 보이지 않은 연조직이
있었을 가능성도 있지만···

보통 이런 화려한 연조직은 성선택을 위해 성체 때 갖추는 기관이라
새끼인 이 공룡에게는 그려 넣지 않는 것이 합당하다.

게다가 오늘날의 펭귄처럼 앙상한 뼈에 살을 뒤룩뒤룩
붙여줄 수도 있었겠지만···

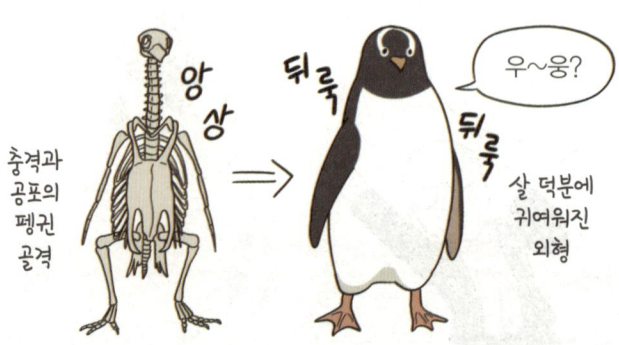

내가 연구한 공룡도 아니고 외주 받아서 하는 모처럼의 복원도 작업에서 그런 용감한 짓을 할 사람은 아마 없을 것이다.

좌우지간, 골격에다 적당히 예쁘게 살을 붙이고 깃털을 붙여주면 이젠 색을 칠할 차례다.

색이 밝혀진 공룡이라면 반드시 밝혀진 색깔대로 칠하는 것이 원칙이겠다만 이 공룡은 깃털도 안 남았으니 색깔을 알 방법이 없다.

그래서 내가 이 공룡을 핑크색으로 떡칠하고
하트 뿅뿅 남발해도 할 말은 없지만···

오늘날의 고생물 복원은 그렇게 무식하게 이루어지지 않는다.
색이 밝혀지지 않은 공룡을 복원할 때는
오늘날 생태적 위치가 비슷한 동물의 색을 따와 복원한다.

어떤 동물이 띠는 특정한 색이나 패턴은
생존에 유리해서든 이성에게 인기가 있어서든
저마다 합당한 이유가 있기 때문이다.

게다가 화려한 동물이라 해도
새끼 때는 생존에 유리하도록 주변 환경과 어울리는
칙칙한 색을 띤다.

그래서 적어도 이 어린 공룡은 핑크색에
하트 뿅뿅은 아니었을 것이다.

새와 가까운 오비랍토르류 공룡은 오늘날 땅에 사는
화식조나 에뮤와 비슷한 생활양식을 지녔을지도 모른다.
그래서 이 공룡은 화식조와 에뮤 새끼의 색상을 따와 복원했다.

그래서 새롭게 보고된 공룡은
다음과 같은 모습으로 복원되었다.

고비랍토르 미누투스
(Gobiraptor minutus)

만약 좀더 용기가 있었더라면,
살 뒤룩뒤룩에 연조직 빵빵 달고 정신 나간 색상을 입혔겠다만···

나름의 합당한 추론과 정승 같은 자세로
이렇게 강아지만 한 귀엽고
뽀송뽀송한 모습으로 복원되었다.

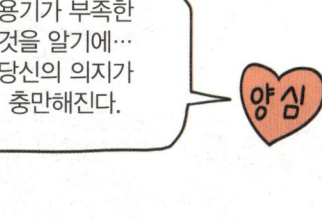

귀엽지 않은가?

고비랍토르가 발견된 몽골의 백악기 후기 네메겟 지층의 복원도

물에서 놀고 있는 데이노케이루스 가족

···을 보고 있는 타르보사우루스

···를 보고 도망가는 고비랍토르

···를 바위 위에서 보고 있는 포유류 버진바아타르

···를 은행나무 위에서 보고 있는 구릴리니아

물속에 들어가 있는 타르키아

···의 등 위에 테비오르니스

침엽수림을 나오니 절벽 보여서 쫄고 있는 네메그토사우루스

일광욕하고 있는 거북이들···

서대문자연사박물관 입구에 들어서면
커다란 수각류 공룡의 골격이 우리를 맞이해준다.

외전 2
서대문자연사박물관의 아크로칸토사우루스

수년간 무수히 많은 아이들에게 티라노사우루스로 오해받다가 이름판을 보고 나서야 '아…아크로칸토사우루스?'라고 불리는 이 공룡은 내가 어렸을 때도 늘 이곳에 있었다.

> 티라노사우루스 뼈를 보고 싶은데.

> 2층 가면 머리뼈 있다.

> 근데 이 공룡은 나름 의미가 있지. 아크로칸토사우루스로 추정되는 놈의 이빨이 우리나라에서 나왔거든…

> 뭐, 알로사우루스나 메갈로사우루스도 나온 적 있고.

아크로칸토사우루스도 티라노사우루스 못지않게 멋지다.

성큼 성큼

크기도 나름 꿀리지 않으며

등에 난 굵고 짧은 돌기가

강려크한 목근육의 간지를 살려준다.

학교가 서대문 근처라 보고 싶으면 언제든 가서
이 멋지고 커다란 수각류의 뼈따구를 볼 수 있었는데

그때마다 무수히 많은 아이들이 그 앞에서
사진을 찍고 있었다.

공룡!

가족사진부터

단체사진까지

공룡! 공룡!

찰 칵

공룡 앞에서 반짝이는 아이들의 눈동자를 보고 있노라면

그림책으로만 보던 커다란 육식공룡을 난생처음
실물 크기로 접했을 때가 떠오른다.

나도 어렸을 때 저기 앞에서
사진 찍고 그랬는데…
그때도 두근두근했지…

어쩌면 저 공룡은 무수히 많은
과학자를 길러냈을지도 모른다.

얼마나 많은 아이들이 저 공룡을 보고
가슴이 두근거렸을까?

끝

맺음말

　이번 책을 "티렉스 한 마리만 그려줘요"라는 어린왕자의 부탁과 함께 시작한 건 그게 제 경험담이기 때문입니다. 공룡을 좋아하는 사람 가운데 티라노사우루스를 좋아하지 않는 경우는 거의 없지만 '이상적인 티라노사우루스'의 모습은 저마다 다릅니다. 그동안 공룡을 그려오면서 모두의 마음속에 있는 이상을 충족할 티라노사우루스란 아무리 그려도 그려낼 수 없다는 것을 알게 되었습니다. 처음 그릴 때는 고증을 틀렸습니다. 그러면 주위에서 충고가 날아옵니다. 발 길이가 이상하다든지, 팔 비율이 안 맞는다든지, 얼굴 크기가 어색하다든지 등등 말입니다. 이런 충고를 새겨듣고 점점 연습하면서 개선된 그림을 그려내면, 이번에는 팔의 각도나 두께가 잘못되었다든지, 너무 근육질이라거나 너무 말라 보인다든지, 발가락 각도가 발자국 화석에 비교해봤을 때 조금 더 틀어진 것 같다든지 등등 디테일한 고증에 대한 충고가 날아옵니다. 이런 디테일한 고증에 맞추면 이제 각자의 취향의 문제가 남습니다. 눈썹 위의 각질은 어떻게 씌울 것인지, 콧구멍은 어떤 형태로 할 것인지, 입술은 그릴 것인지 말 것인지, 성체 티라노사우루스에게 털은 어느 정도 남겨줄 것인지, 색은 어떻게 하고 피부 묘사는 어떻게 할 것인지 등등 말입니다.

　그러나 이에 대한 완전한 해답은 없습니다. 6천600만 년 전 북아메리카에 살던 '진짜 티라노사우루스'는 너무 오래전에 사라져버렸으니까요. 그중 어떤 부분은 흔적이 남지 않아 앞으로 영 알 수 없을지도 모릅니다. 그러나 더 큰 문제는 최신 티라노사우루스 모델이 틀렸을 수도 있다는 사실입니다. 말 그대로 '하루아침에' 모델이 바뀔 수도 있습니다. 어찌 보면 당연합니다. 우리가 만나는 공룡의 모습은 지층 속에서 발견된 화석의 모습을 하고 있으니까요. 그러나 이 작은 증거들로부터 공룡에 관한 커다란 이야기가 시작됩니다. 화석에서 추측 가능한 여러 공룡 모델이 튀어나옵니다. 어떤 모델을 선택해서 어떤 모습의 '이상적인 티라노사우루스'를 마음속에 키울지는 자기 마음대로 결정하면 되는 것입니다. 그래서 이 책 앞부분에 나오는 어린왕자도 결국 '골격도'를 보고 만족합니다.

　그런데 문제가 하나 남습니다. 다 좋은데, 이런 일을 왜 해야 하고 왜 알아야 하는지에 대한 질문이 사회에서 날아옵니다. 좀더 노골적으로 이야기하자면 왜 공룡 연구에 연구비를 지원해야 하고 국가 예산을 들여 자연사박물관 등을 지어야 하느냐는 질문입니다. 똑같은 질문을 받는 곤충학자들은 이 질문에 대해 내놓을 변명이 있습니다. 바로 농업 곤충의 가치, 해충 방제, 질병 매개 관리, 미래 식량 등등입니다. 그런데 이런 것은 전부 이차적인 이유고, 사실 대부분은 엄청난 곤충 덕후라 그냥 곤충이 좋아서 연구하는 겁니다. 공룡학자들도 그렇다고 할 수 있습니다. 적어도 제가 가본 공룡 연구소들은 하나같이 연구용과는 거리가 먼 공룡 장난감, 공룡 로봇 등이 가득했습니다. 진짜 공룡 덕후들이 공룡에 대한 연구를 해나가고 있다는 인상을 듬뿍 받았습니다.

사실 경제적 측면에서 공룡 덕질에 대한 개인적인 변명을 내놓자면, 바로 공룡이 '과학으로 가는 징검다리'라는 겁니다. 어쩌면 블랙홀 같은 걸지도 모르겠네요. 흥미로운 외형과 거대함에서 오는 매력 덕분에 어린아이뿐만 아니라 성인들도 곧잘 공룡에 빨려듭니다. 이렇게 홀리듯 공룡의 매력에 빠지다 보면 그 뒤에는 거대한 과학이 기다리고 있습니다. 심지어 공룡에서 그치는 것이 아니라 다른 분야로 확장되기도 합니다. 공룡을 좋아하던 아이가 반드시 공룡학자가 되는 게 아니라 공룡을 통해 눈에 익혀왔던 또 다른 분야의 과학자나 기술자의 모습이 되는 겁니다. 그래서 영화 〈쥬라기 월드〉가 개봉할 때, 그날은 수많은 어린 과학자가 탄생했다고 생각했습니다. 어른들도 공룡을 통해 과학의 세계로 들어와 새로운 취미를 즐기고, 잊고 살았던 호기심을 폭발시키게 됩니다. 그렇게 해서 결국 과학의 대중화에 기여하게 됩니다. 이렇게 보면 공룡이라는 존재가 '돌로 만들어진 과학 커뮤니케이터' 같다는 생각도 듭니다.

얼마 전 손주와 함께 자연사박물관을 방문한 할머니를 본 적이 있습니다. 할머니는 트리케라톱스의 골격 앞에서 "세상에, 옛날에 이런 게 살았다는 거야? 이렇게 큰 것이 살았다고" 하며 감탄을 연발하셨죠. 손주는 신기해하는 할머니 옆에서 트리케라톱스에 대해 조잘조잘 떠들며 자랑을 늘어놓았습니다. 마치 자신이 직접 공룡 화석을 발굴하기라도 했다는 듯이요. 그 모습을 보면서 저는 아이가 공룡을 징검다리 삼아 훗날 어느 분야의 과학자가 될 확률이 높다고 확신했습니다. 이 책이 많은 독자에게 자연사박물관의 트리케라톱스가 되었으면 하는 바람입니다. 그동안 잊고 있던 공룡에 대한 매력을 다시 상기시키고, 과학의 세계에 빠져드는 재미를 느끼게 할 징검다리가 되었으면 좋겠습니다.

2019년 6월 김도윤

참고문헌

국내서

과학동아 편집부, 〈자연이 선사한 가장 과학적인 선물, 깃털〉, 《과학동아》, 동아사이언스, 2018년 12월 호.
박진영, 《박진영의 공룡 열전》, 뿌리와이파리, 2015.
박진영·이준성, 《신비한 공룡 사전》, 씨드북, 2018.
양승영, 《한국의 거화석》, 아카데미서적, 2013.
이동근, 《티라노사우루스 속으로》, 비전기획, 2015.
이융남, 《공룡학자 이융남 박사의 공룡대탐험》, 창비, 2000.
장하석, 《장하석의 과학, 철학을 만나다》, 지식플러스, 2015.
허민, 《공룡의 나라 한반도》, 사이언스북스, 2016.

번역서

뉴턴 코리아, 《다윈 진화론》, 뉴턴코리아, 2017.
뉴턴 코리아, 《비주얼 공룡사전》, 뉴턴코리아, 2017.
뉴턴 코리아, 《뼈와 화석》, 뉴턴코리아, 2011.
닐 슈빈, 김명남 옮김, 《내 안의 물고기》, 김영사, 2009.
닐 캠벨 외, 김명원 외 옮김, 《생명과학》 제7판, 피어슨, 2012.
더글러스 파머 외, 이주혜 옮김, 《선사시대》, 21세기북스, 2011.
로버트 도도, 양승영 옮김, 《고생태학》, 민음사, 1990.
리처드 도킨스, 이용철 옮김, 《눈먼 시계공》, 사이언스북스, 2004.
매튜 F. 보넌, 황미영 옮김, 《뼈, 그리고 척추동물의 진화》, 뿌리와이파리, 2018.
매트 리들리, 김윤택 옮김, 《붉은 여왕》, 김영사, 1979.
미셸 푸코, 이규현 옮김, 《말과 사물》, 민음사, 2012.
스콧 R. 쇼, 양병찬 옮김, 《곤충 연대기》, 행성B, 2015.
스콧 샘슨, 김명주 옮김, 《공룡 오디세이》, 뿌리와이파리, 2011.
스티븐 제이 굴드, 홍욱희 외 옮김, 《다윈 이후》, 사이언스북스, 2009.
아드리안 데스몬드, 이병호 옮김, 《공룡은 온혈동물?》, 전파과학사, 1996.
에른스트 마이어, 최재천 외 옮김, 《이것이 생물학이다》, 바다출판사, 2016.
지우세페 브릴란테·안나 세사, 김지연 옮김, 《공룡대백과》, 봄봄스쿨, 2018.
크리스토퍼 맥고원, 이양준 옮김, 《공룡》, 이지북, 2005.
토머스 쿤, 홍성욱 외 옮김, 《과학혁명의 구조》, 까치, 1999.
피오트르 나스크레츠키, 지여울 옮김, 《가장 오래 살아남은 것들을 향한 탐험》, 글항아리, 2012.
하워드 E. 에번스, 윤소영 옮김, 《곤충의 행성》, 사계절, 1999.
히야미 이타루, 양승영 옮김, 《진화 고생물학》, 서울대학교출판문화원, 2012.
Manuel C. Molles Jr., 김재근·김흥태 옮김, 《생태학》 4판, 라이프사이언스, 2008.
Michael J. Bentom & David A. T. Harper, 김종헌 외 옮김, 《고생물학개론》, 박학사, 2014.
P. J. Gullan & P. S. Cranston, 이상몽 외 옮김, 《곤충학》 제3판, 월드사이언스, 2011.

국외서

David Penny & James E. Jepson, *Fossil Insects: An introduction to palaeoentomology*, Siri Scientific Press, 2014.

David Grimaldi & Michale S. Engel, *Evolution of the Insects*, Cambridge University Press, 2005.

John Conway, C. M. Kosemen & Darren Naish, *All Yesterdays*, Irregular Books, 2012.

학술 논문

Alexander W. A. Kellner, et al., "The soft tissue of Jeholopterus (Pterosauria, Anurognathidae, Batrachognathinae) and the structure of the pterosaur wing membrane", *Proceedings of the Royal Society B: Biological Sciences* 277.1679 (2009): 321-329.

Ali Nabavizadeh, "New reconstruction of cranial musculature in ornithischian dinosaurs: implications for feeding mechanisms and buccal anatomy", *The Anatomical Record* (2018).

Andrew A. Farke, et al., "Ontogeny in the tube-crested dinosaur Parasaurolophus (Hadrosauridae) and heterochrony in hadrosaurids", *PeerJ* 1 (2013): e182.

Bernat Vila, et al., "3-D modelling of megaloolithid clutches: insights about nest construction and dinosaur behaviour", *PLoS One* 5.5 (2010): e10362.

Caleb M. Brown, et al., "An exceptionally preserved three-dimensional armored dinosaur reveals insights into coloration and Cretaceous predator-prey dynamics", *Current Biology* 27.16 (2017): 2514-2521.

Danielle Dhouailly, "A new scenario for the evolutionary origin of hair, feather, and avian scales", *Journal of anatomy* 214.4 (2009): 587-606.

Darla K. Zelenitsky, et al., "Feathered non-avian dinosaurs from North America provide insight into wing origins", *Science* 338.6106 (2012): 510-514.

David B. Norman, et al., "The Lower Jurassic ornithischian dinosaur Heterodontosaurus tucki Crompton & Charig, 1962: cranial anatomy, functional morphology, taxonomy, and relationships", *Zoological Journal of the Linnean Society* 163.1 (2011): 182-276.

David C. Evans, "Nasal cavity homologies and cranial crest function in lambeosaurine dinosaurs", *Paleobiology* 32.1 (2006): 109-125.

Delphine Angst, et al., "Isotopic and anatomical evidence of an herbivorous diet in the Early Tertiary giant bird Gastornis: Implications for the structure of Paleocene terrestrial ecosystems", *Naturwissenschaften* 101.4 (2014): 313-322.

Dolores R. Piperno, and Hans-Dieter Sues, "Dinosaurs dined on grass", *Science* 310.5751 (2005): 1126-1128.

Dongyu Hu, et al., "A bony-crested Jurassic dinosaur with evidence of iridescent plumage highlights complexity in early paravian evolution", *Nature communications* 9.1 (2018): 217.

Emily B. Giffin, "Gross spinal anatomy and limb use in living and fossil reptiles", *Paleobiology* 16.4 (1990): 448-458.

Eric Snively, et al., "Lower rotational inertia and larger leg muscles indicate more rapid turns in tyrannosaurids than in other large theropods", *PeerJ* 7 (2019): e6432.

Eric Snively, et al., "Multibody dynamics model of head and neck function in Allosaurus (Dinosauria, Theropoda)", *Palaeontologia Electronica* 16.2 (2013): 1-29.

Evan Thomas Saitta, "Evidence for sexual dimorphism in the plated dinosaur Stegosaurus mjosi (Ornithischia, Stegosauria) from the Morrison Formation (Upper Jurassic) of western USA", *PloS one* 10.4 (2015): e0123503.

Gerald Mayr, et al., "Bristle-like integumentary structures at the tail of the horned dinosaur Psittacosaurus", *Naturwissenschaften* 89.8 (2002): 361-365.

Gerald Mayr, et al., "Structure and homology of Psittacosaurus tail bristles", *Palaeontology* 59.6 (2016): 793-802.

Gregory M. Erickson, A. Kristopher Lappin, and Kent A. Vliet, "The ontogeny of bite-force performance in American alligator (Alligator mississippiensis)", *Journal of Zoology* 260.3

(2003): 317–327.

Gregory M. Erickson, A. Kristopher Lappin, and Peter Larson, "Androgynous rex – The utility of chevrons for determining the sex of crocodilians and non-avian dinosaurs", *Zoology* 108.4 (2005): 277–286.

Gregory M. Erickson, et al., "Bite-force estimation for Tyrannosaurus rex from tooth-marked bones", *Nature* 382.6593 (1996): 706.

Gregory M. Erickson, et al., "Dinosaur incubation periods directly determined from growth-line counts in embryonic teeth show reptilian-grade development", *Proceedings of the National Academy of Sciences* 114.3 (2017): 540–545.

Gregory M. Erickson, et al., "Gigantism and comparative life-history parameters of tyrannosaurid dinosaurs", *Nature* 430.7001 (2004): 772.

Huh Min, et al., "A new basal ornithopod dinosaur from the Upper Cretaceous of South Korea", *Neues Jahrbuch für Geologie und Paläontologie-Abhandlungen* 259.1 (2011): 1–24.

J. I. Kirkland and K. Bader, "Insect trace fossils associated with Protoceratops carcasses in the Djadokhta Formation (Upper Cretaceous), Mongolia", *New perspectives on horned dinosaurs*. Indiana Univ Press, Bloomington (2010): 509–519.

Jacob M. Musser, Günter P. Wagner, and Richard O. Prum, "Nuclear β-catenin localization supports homology of feathers, avian scutate scales, and alligator scales in early development", *Evolution & development* 17.3 (2015): 185–194.

James O. Farlow, Shoji Hayashi, and Glenn J. Tattersall, "Internal vascularity of the dermal plates of Stegosaurus (Ornithischia, Thyreophora)", *Swiss Journal of Geosciences* 103.2 (2010): 173–185.

Ji Qiang, et al., "Two feathered dinosaurs from northeastern China", *Nature* 393.6687 (1998): 753.

Johan Lindgren, et al., "Skin pigmentation provides evidence of convergent melanism in extinct marine reptiles", *Nature* 506.7489 (2014): 484.

John R. Horner, and Mark B. Goodwin, "Major cranial changes during Triceratops ontogeny", *Proceedings of the Royal Society B: Biological Sciences* 273.1602 (2006): 2757–2761.

John R. Hutchinson, and Mariano Garcia, "Tyrannosaurus was not a fast runner", *Nature* 415.6875 (2002): 1018.

John R. Hutchinson, et al., "A computational analysis of limb and body dimensions in Tyrannosaurus rex with implications for locomotion, ontogeny, and growth", *PLoS One* 6.10 (2011): e26037.

Joseph E. Peterson, et al., "Face biting on a juvenile tyrannosaurid and behavioral implications", *Palaios* 24.11 (2009): 780–784.

Joshua B. Smith, David R. Vann, and Peter Dodson, "Dental morphology and variation in theropod dinosaurs: implications for the taxonomic identification of isolated teeth", *The Anatomical Record Part A: Discoveries in Molecular, Cellular, and Evolutionary Biology: An Official Publication of the American Association of Anatomists* 285.2 (2005): 699–736.

Joshua B. Smith, et al., "A giant sauropod dinosaur from an Upper Cretaceous mangrove deposit in Egypt", *Science* 292.5522 (2001): 1704–1706.

Juan Negro, Clive Finlayson, and Ismael Galván, "Melanins in fossil animals: is it possible to infer life history traits from the coloration of extinct species?", *International journal of molecular sciences* 19.2 (2018): 230.

Kenneth Carpenter, "Evidence of predatory behavior by carnivorous dinosaurs", *Gaia* 15 (1998): 135–144.

Kent A. Stevens, "Binocular vision in theropod dinosaurs", *Journal of Vertebrate Paleontology* 26.2 (2006): 321–330.

Kim Kyung Soo, et al., "Exquisitely-preserved, high-definition skin traces in diminutive theropod tracks from the Cretaceous of Korea", *Scientific reports* 9.1 (2019): 2039.

Lawrence M. Witmer, "Nostril position in dinosaurs and other vertebrates and its significance for nasal function", *Science*

293.5531 (2001): 850–853.

Lawrence M. Witmer, and Ryan C. Ridgely, "New insights into the brain, braincase, and ear region of tyrannosaurs (Dinosauria, Theropoda), with implications for sensory organization and behavior", *The Anatomical Record: Advances in Integrative Anatomy and Evolutionary Biology* 292.9 (2009): 1266–1296.

Lee Sungjin, et al., "A new baby oviraptorid dinosaur (Dinosauria: Theropoda) from the Upper Cretaceous Nemegt Formation of Mongolia", *PloS one* 14.2 (2019): e0210867.

Lee Yuong-Nam, "The first tyrannosauroid tooth from Korea", *Geosciences Journal* 12.1 (2008): 19–24.

Lee Yuong-Nam, et al., "Resolving the long-standing enigmas of a giant ornithomimosaur Deinocheirus mirificus", *Nature* 515.7526 (2014): 257.

Lee Yuong-Nam, Michael J. Ryan, and Yoshitsugu Kobayashi, "The first ceratopsian dinosaur from South Korea", *Naturwissenschaften* 98.1 (2011): 39–49.

Li Quanguo, et al., "Plumage color patterns of an extinct dinosaur", *Science* 327.5971 (2010): 1369–1372.

Li Quanguo, et al., "Reconstruction of Microraptor and the evolution of iridescent plumage", *Science* 335.6073 (2012): 1215–1219.

Lida Xing, et al., "A fully feathered enantiornithine foot and wing fragment preserved in mid-Cretaceous Burmese amber", *Scientific reports* 9.1 (2019): 927.

Matthew G. Baron, David B. Norman, and Paul M. Barrett, "A new hypothesis of dinosaur relationships and early dinosaur evolution", *Nature* 543.7646 (2017): 501.

Matthew J. Greenwold, and Roger H. Sawyer, "Molecular evolution and expression of archosaurian β-keratins: Diversification and expansion of archosaurian β-keratins and the origin of feather β-keratins", *Journal of Experimental Zoology Part B: Molecular and Developmental Evolution* 320.6 (2013): 393–405.

Min Wang, et al., "A new Jurassic scansoriopterygid and the loss of membranous wings in theropod dinosaurs", *Nature* 569.7755 (2019): 256.

Myriam R. Hirt, et al., "A general scaling law reveals why the largest animals are not the fastest", *Nature ecology & evolution* 1.8 (2017): 1116.

Nicholas R. Longrich, et al., "Cannibalism in Tyrannosaurus rex", *PloS one* 5.10 (2010): e13419.

Nizar Ibrahim, et al., "Semiaquatic adaptations in a giant predatory dinosaur", *Science* 345.6204 (2014): 1613–1616.

Paik In Sung, et al., "Diverse tooth marks on an adult sauropod bone from the Early Cretaceous, Korea: Implications in feeding behaviour of theropod dinosaurs", *Palaeogeography, Palaeoclimatology, Palaeoecology* 309.3–4 (2011): 342–346.

Park Jin-Young, "Comments on the validity of the taxonomic status of 'Pukyongosaurus'(Dinosauria: Sauropoda)", *Memoir of the Fukui Prefectural Dinosaur Museum* 15 (2016): 27–32.

Park Jin-Young, Susan E. Evans, and Min Huh, "The first lizard fossil (Reptilia: Squamata) from the Mesozoic of South Korea", *Cretaceous Research* 55 (2015): 292–302.

Pascal Godefroit, et al., "A Jurassic ornithischian dinosaur from Siberia with both feathers and scales", *Science* 345.6195 (2014): 451–455.

Paul C. Sereno, et al., "Predatory dinosaurs from the Sahara and Late Cretaceous faunal differentiation", *Science* 272.5264 (1996): 986–991.

Pei-ji Chen, Zhi-ming Dong, and Shuo-nan Zhen, "An exceptionally well-preserved theropod dinosaur from the Yixian Formation of China", *Nature* 391.6663 (1998): 147.

Philip J. Currie, and David A. Eberth, "On gregarious behavior in Albertosaurus", *Canadian Journal of Earth Sciences* 47.9 (2010): 1277–1289.

Pu Hanyong, et al., "An unusual basal therizinosaur dinosaur with an ornithischian dental arrangement from Northeastern China", *PloS one* 8.5 (2013): e63423.

Richard Estes, and Paul Berberian,

"Paleoecology of a Late Cretaceous vertebrate community from Montana", *Breviora* (1970).

Robert A. DePalma, et al., "The first giant raptor (Theropoda: Dromaeosauridae) from the hell creek formation", *Paleontological Contributions* 2015.14 (2015): 1–17.

Russell P. Main, et al., "The evolution and function of thyreophoran dinosaur scutes: implications for plate function in stegosaurs", *Paleobiology* 31.2 (2005): 291–314.

Stefan Reiss, and Heinrich Mallison, "Motion range of the manus of Plateosaurus engelhardti von Meyer, 1837", *Palaeontologia Electronica* 17.1 (2014): 1–19.

Stephan Lautenschlager, "Estimating cranial musculoskeletal constraints in theropod dinosaurs", *Royal Society Open Science* 2.11 (2015): 150495.

Stephen L. Brusatte, and Thomas D. Carr, "The phylogeny and evolutionary history of tyrannosauroid dinosaurs", *Scientific Reports* 6 (2016): 20252.

Thomas D. Carr, "Craniofacial ontogeny in tyrannosauridae (Dinosauria, Coelurosauria)", *Journal of vertebrate Paleontology* 19.3 (1999): 497–520.

Thomas D. Carr, et al., "A new tyrannosaur with evidence for anagenesis and crocodile-like facial sensory system", *Scientific Reports* 7 (2017): 44942.

V. De Buffrénil, J. O. Farlow, and A. De Ricqles, "Growth and function of Stegosaurus plates: evidence from bone histology", *Paleobiology* 12.4 (1986): 459–473.

Xu Xing, and Mark A. Norell, "A new troodontid dinosaur from China with avian-like sleeping posture", *Nature* 431.7010 (2004): 838.

Xu Xing, et al., "A basal tyrannosauroid dinosaur from the Late Jurassic of China", *Nature* 439.7077 (2006): 715.

Xu Xing, et al., "A bizarre Jurassic maniraptoran theropod with preserved evidence of membranous wings", *Nature* 521.7550 (2015): 70.

Xu Xing, et al., "A gigantic feathered dinosaur from the Lower Cretaceous of China", *Nature* 484.7392 (2012): 92.

Xu Xing, et al., "Basal tyrannosauroids from China and evidence for protofeathers in tyrannosauroids", *Nature* 431.7009 (2004): 680.

Zhang Fucheng, et al., "Fossilized melanosomes and the colour of Cretaceous dinosaurs and birds", *Nature* 463.7284 (2010): 1075.